极端荷载下中空钢管混凝土叠合柱动力特性研究

齐宝欣　刘　博　著

中国建筑工业出版社

图书在版编目（CIP）数据

极端荷载下中空钢管混凝土叠合柱动力特性研究 /
齐宝欣，刘博著. -- 北京：中国建筑工业出版社，
2024.9. -- ISBN 978-7-112-30360-1

Ⅰ. TU375.3

中国国家版本馆 CIP 数据核字第 202450S1Q8 号

责任编辑：杨 杰
责任校对：李美娜

极端荷载下中空钢管混凝土叠合柱动力特性研究
齐宝欣 刘 博 著

*

中国建筑工业出版社出版、发行（北京海淀三里河路9号）
各地新华书店、建筑书店经销
霸州市顺浩图文科技发展有限公司制版
建工社（河北）印刷有限公司印刷

*

开本：787毫米×960毫米 1/16 印张：7¾ 字数：147千字
2024年9月第一版 2024年9月第一次印刷
定价：**58.00**元
ISBN 978-7-112-30360-1
（43711）

前　　言

钢管混凝土组合结构在科学研究和实际工程应用中，早已取得了丰硕成果，尤其是在理论探索、结构设计、施工建设等方面，基本形成了较为完善的体系。但是大多数研究成果都是针对钢管混凝土结构的静力方向进行的探索研究。然而，不管是钢管混凝土组合结构还是普通钢筋混凝土结构，在服役期间，除了要承受正常荷载（如恒荷载、活荷载、地震荷载及风荷载）外，还可能要承受突发的强动力荷载带来的冲击，例如爆炸荷载对建筑结构产生的冲击破坏，汽车意外冲击建筑结构带来的破坏，飞机失事对高层、超高层建筑的冲击破坏，飓风、海啸等自然灾害对建筑结构的冲击破坏。这些作用时间短、破坏强度大的突发荷载作用在结构上，可能严重损坏建筑结构，甚至会使其完全丧失承载能力，由此给人类的财产及生命安全带来巨大的损失。

中空钢管混凝土组合结构因其截面开展、抗弯刚度大、自重轻等特点，适用于超高层建筑结构，同时可兼作高架桥的桥墩、海洋平台的支架柱等，近些年来在工程中得到广泛应用。位于我国浙江省舟山市的大帽山岛输电塔，全高为370m，线路主杆塔采用了中空钢管混凝土叠合柱结构；上海金茂大厦、重庆环球金融中心大厦、大连海创国际大厦等超高层建筑都部分采用了钢管混凝土叠合柱结构。由于混凝土和内外钢管之间存在着相互作用，使得中空钢管混凝土叠合柱性能优异，其应用范围逐渐扩大，并取得了很好地经济和社会效益。由此可见，中空钢管混凝土叠合柱在我国的高层和超高层建筑中等得到了广泛的应用。可以预测中空钢管混凝土叠合柱未来会有良好的发展。

目前，中空钢管混凝土叠合柱设计主要参照现行团体标准《钢管混凝土叠合柱结构技术规程》T/CECS 188 进行承载力计算，但该标准未对强动力荷载作用下特殊截面的此类结构的设计给出规定，而爆炸、冲击等引发的冲击强动荷载已成为不可忽略的设计工况，尤其在高层、超高层建筑结构设计项目中，存在特定高层建筑结构需要考虑抗爆、抗冲击性能设计的要求。本书通过有限元方法对已有试验进行模拟验证并展开分析，建立了中空钢管混凝土叠合柱冲击损伤评估准则及优化设计方法，为后续结构设计中考虑抗爆、抗冲击设计奠定基础。

书中内容为作者及团队近 5 年的研究成果，共 14.7 万字。齐宝欣完成 8.7 万字，刘博完成 6 万字。另外，硕士研究生李昊研、王盛宇、卜元程、问演达、滕楠、陈蕴文、朱行勇和邓嘉欣对本书内容进行整理校对工作。

本书共9章，主要包括：第1章绪论；第2章爆炸现象及材料本构参数；第3章爆炸荷载作用下钢筋混凝土柱数值模拟及试验验证；第4章中空钢管混凝土叠合柱抗爆性能研究；第5章中空钢管混凝土叠合柱剩余承载能力分析；第6章冲击荷载作用下中空钢管混凝土叠合柱数值分析模型；第7章中空钢管混凝土叠合柱抗冲击性能分析；第8章中空钢管混凝土叠合柱在冲击荷载作用下的损伤评估研究；第9章结论与展望。

本书是在辽宁省教育厅服务地方项目"中空钢管混凝土叠合柱冲击损伤评估及优化设计方法研究"（lnfw202006）项目的支持下完成的，同时感谢中铁三局的支持，本书参考了许多国内外同行发表的研究成果，在此深表感谢。

本书旨在为进行中空钢管混凝土叠合柱抗爆、抗冲击性能方面研究的学者、学生提供参考。虽然作者力求无误，但难免会有遗漏或疏忽之处，恳请读者和同行批评指正，以做进一步完善。

2024 年 6 月

目　　录

1

绪　　论

1.1　研究背景、目的及意义

1.1.1　研究背景

近年来，越来越多的爆炸事件时有发生，其中包括恐怖袭击相关的爆炸事件、不安全易燃易爆品的爆炸事件、天然气及煤气泄漏爆炸事件等，而爆炸事件通常会造成不可逆的灾难事件，对人民生命财产、国家财政经济都会产生巨大影响。例如 1995 年 4 月 19 日，美国俄克拉荷马市发生的震惊世界的恐怖爆炸事件，一座 9 层高大楼的 1/3 直接被炸塌，死难者总数约为 165 人，失踪 2 人，500 余人受伤；2001 年美国的 911 恐怖袭击事件，恐怖组织抢劫飞机并撞上美国纽约新世界贸易中心的双子塔，撞击产生爆炸，直接导致了双子塔的坍塌，该事件遇难者总数高达近 3000 人，直接损失价值逾千亿美元；2004 年 11 月 9 日，沙特阿拉伯利雅得王宫发生爆炸案，导致 17 人死亡和 122 人受伤；2010 年 4 月 14 日，中国青海玉树地震后，当地一幢楼房因煤气泄漏而发生爆炸，导致 11 人死亡和 28 人受伤；2022 年 5 月 9 日，在俄罗斯南部的达吉斯坦共和国爆发了一场汽车爆炸攻击事件，一颗提前埋设在灌木丛中的地雷在一辆军事客车行走过程中突然被引爆，爆炸总共造成了至少 28 人的死亡，当中包括了 12 名儿童以及 16 名军官，另有 130 多人受伤。相关不安全易燃易爆品的爆炸事件包括：2003 年辽宁省铁岭市一家鞭炮厂发生爆炸，剧烈的爆炸导致厂房坍塌，造成 30 余人死亡，10 余人受伤；2015 年 8 月 12 日，在我国天津滨海新区天津港一公司仓库突发大型爆破事故，该事件共计造成 165 人死亡，700 余人重伤，所带来的直接经济损失达上亿元，见图 1-2 (b)；2022 年 9 月 20 日，美国芝加哥一栋大楼爆炸造成人员受伤，砖块和碎片散落一地，致建筑部分倒塌，8 人受伤被送往医院，其中 3 人伤势严重。

(a) (b)

图 1-1　恐怖爆炸事故现场

（a）美国 911 恐怖袭击事件；（b）美国曼哈顿大楼爆炸事件

(a) (b)

图 1-2　煤气爆炸事故现场

（a）沈阳市太原街饭店爆炸事件；（b）天津滨海新区天津港爆炸事件

相关天然气及煤气泄漏爆炸事件包括：2011 年 3 月 11 日，日本福岛核电站氢气泄漏发生爆炸，事故造成了核辐射释放等一系列极其严重的影响，对自然生态造成了不可逆的毁灭；2014 年 3 月 26 日，美国纽约曼哈顿大楼内的 Sushi Park 日式餐厅燃气泄漏发生爆炸，造成建筑结构倒塌以及 3 死 63 受伤，见图 1-1（b）；2019 年 3 月 21 日，江苏省盐城市响水县陈家港镇化学园区的江苏省天嘉宜化工有限公司化学储罐内的爆炸事件，共造成 78 人死亡、76 人重伤，

640人住院治疗，直接经济损失19.86亿元。另外，2021年10月21日，沈阳市太原街南七马路一饭店发生燃气爆炸，造成5死33受伤，见图1-2（a）。

通过上述不同种类型爆炸事件可以看出，引起爆炸事件的条件有很多，有些甚至是细微的物品或者不经意的举动，但造成的后果确是十分严重的，不仅造成经济损失，而且还导致人员伤亡。因此了解爆炸原理、增强建筑结构抗爆性能成为了预防爆炸事件发生的关键因素。

综上，增强建筑结构抗爆性能已成为预防爆炸事件的关键因素，而其中建筑物承重柱的抗爆、防爆设计成为了当前急需攻克的难题。承重柱作为重要的建筑工程结构，一旦发生损坏，可能会导致整个建筑连续倒塌。为降低爆炸事件中的人员伤亡和财产损失，需要对建筑中柱、墙、梁等主要结构构件的抗爆性能提出更高的要求，于是通过提出某种新型构件型式或新型材料来增加主体的抗爆性能便显得尤为重要。

中空钢管混凝土叠合柱相比于传统钢筋混凝土柱和钢管混凝土柱，最大的优点在于内置的中空钢管可以提高柱子的刚度和延性。此类建筑融合了钢筋混凝土构件和钢管混凝土构件抗弯强度高、自重轻、抗火性能强的特性，且施工方便，所以广泛应用在建筑物构件上，包括桥梁、高层建筑的各类支撑梁和交变点杆塔等构件。其中，中空钢管混凝土叠合梁的断面形态大致分为：方形内置圆钢管形式、圆形内置圆钢管形式以及方形内置方钢管形式，如图1-3所示。

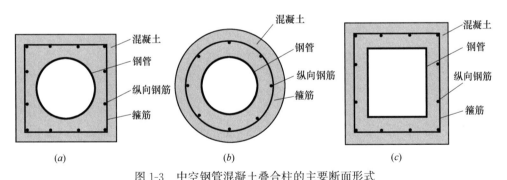

图1-3 中空钢管混凝土叠合柱的主要断面形式

（a）方形内置圆钢管形式；（b）圆形内置圆钢管形式；（c）方形内置方钢管形式

中空钢管混凝土叠合柱是一种结构形式特殊的混凝土柱，由内部中空钢管和外部钢筋混凝土两部分组合而成，是由钢筋混凝土和钢材有机组合起来所构成的一类新型结构。该柱型属于钢材—混凝土组合结构，发挥了钢管和混凝土各自的优点，并弥补了各自的不足，形成了更好的整体性，中空钢管混凝土叠合柱在继承钢管混凝土柱的优点的基础上，具有更好的截面开展、抗弯刚度高、抗火抗腐蚀性能优异、便于施工等特点。常见形式有方套圆截面形式（图1-4）和圆套圆截面形式（图1-5）。

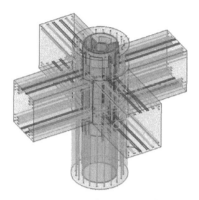

图 1-4　方套圆截面形式
中空钢管混凝土叠合柱

图 1-5　圆套圆截面形式
中空钢管混凝土叠合柱

不同截面形式的中空钢管混凝土叠合柱在抗爆性能方面所展现的优缺点也有所不同。方套圆截面优点为：材质均匀，质量轻，强度大，塑韧性好，施工便利及环保节约等，缺点主要体现在爆炸冲击波从结构的迎爆面传递至背爆面的时间更长，不易发生衍射，且方形边界的设计，会削弱整体结构刚度，使更多的冲击波在迎爆面发生反射，增大了对柱子的冲击作用；圆形截面优点为结构良好的抗扭刚度和双向等稳性，缺点在于混凝土截面面积较少，不能很好地抵御柱子的脆性破坏。所以面对不同类型的建筑结构需要选择不同类型的中空钢管混凝土叠合柱的截面形式。

国内外大量研究表明，中空钢管混凝土叠合柱与钢筋混凝土柱和钢管混凝土柱相比，无论从受力角度、经济角度还是使用的角度，都存在着十分优越的性能。

1.1.2　研究目的

本书研究中空钢管混凝土叠合柱的抗爆性能及剩余承载能力的分析，运用ANSYS/LS-DYNA进行数据建模并施加边界条件以达到模拟现实爆炸的场景需求，研究的主要目的是探究钢筋长细比、炸药比例距离、混凝土强度等级、爆炸荷载、钢管直径、钢管厚度等因素对中空钢管混凝土叠合柱的抗爆性能的影响，对比钢筋混凝土柱、钢管混凝土柱在相同条件下受到爆炸时抗爆性能差异的大小。

中空钢管混凝土叠合柱是一种新型的结构形式，其研究目的主要有以下几个方面：

（1）提高结构的承载能力和抗爆性能：中空钢管混凝土叠合柱采用钢管与混凝土的叠合结构形式，可以充分利用钢管的高强度和混凝土的耐久性，从而提高结构的承载能力和抗爆性能。

（2）优化结构的设计和施工：中空钢管混凝土叠合柱具有结构简单、施工便捷等优点，可以通过合理的设计，降低施工的难度和成本，提高施工效率以及工程质量。

（3）探究结构的力学性能和破坏机理：中空钢管混凝土叠合柱的叠合结构具有复杂的力学性能，需要进行深入的理论研究和试验研究，探究其力学性能和破坏机理，为进一步优化结构设计提供科学依据。

传统结构承重柱通常采用钢筋混凝土柱，其在建筑结构中是确保建筑物整体强度和稳定性的关键因素，但由于钢筋混凝土柱强度较低、截面较大，随着社会经济不断发展，传统钢筋混凝土柱已经不能满足高层及超高层建筑需要，基于钢筋混凝土衍生出来的新型构件逐渐被发掘，中空钢管混凝土叠合柱作为其中的佼佼者脱颖而出。其自重轻、强度高的特点更加适用于有高强度需要的建筑物，同时相较于普通钢管混凝土柱，因为多了内置钢筋，使其具备了钢管混凝土柱所不具备的高抗弯性、抗剪性及其他良好的受力性能。同时，本书也针对目前社会常遇见的一些爆炸事件，进行新型结构叠合柱的抗爆研究，为未来高层建筑物中柱子的选择提供更多的参考。

1.1.3 研究意义

中空钢管混凝土叠合柱在抗爆方面具有很高的研究价值。（1）安全性提升：爆炸事件在现代社会中时有发生，对于高层建筑、桥梁和其他重要结构物的安全至关重要，中空钢管混凝土叠合柱作为建筑结构的一种，其抗爆性能的提升可以有效地提高建筑物的安全性；（2）降低损失：在恐怖袭击或战争等特殊情况下，建筑物或其他重要设施可能会受到爆炸的影响，中空钢管混凝土叠合柱的抗爆性能可以减少人员伤亡和财产损失；（3）节约成本：在军事设施和关键基础设施的建设中，需要投入大量的资金，中空钢管混凝土叠合柱很好地节约了材料，降低了成本，使其在拥有优秀抗爆性能的同时，制作成本大大减少。

同时当今社会高层建筑及超高层建筑日益增加，传统意义上钢筋混凝土结构已经不能满足一些特殊建筑的安全需要，所以新型混凝土结构逐渐被应用在现代建筑当中。钢管混凝土结构用于承重柱表现出了优秀的抗爆能力，对于钢管而言，与混凝土的共同作用可以提高其抗压抗剪强度，并充分发挥自身塑韧性好的优点；对于混凝土而言，钢管的共同作用可以提高其抗拉强度。随着社会的迅速发展，中空钢管混凝土叠合柱结构在近些年逐渐普及应用：（1）高层建筑：许多高层建筑采用中空钢管混凝土叠合柱结构，以提高建筑的承载能力和抗震性能。例如上海中心大厦、中国银行大厦等。（2）桥梁：许多桥梁采用中空钢管混凝土叠合柱结构，以提高桥梁的承载能力和抗震性能。例如青岛海湾大桥、江苏长江大桥等。（3）地铁站：许多地铁站采用中空钢管混凝土叠合柱结构，以提高地铁站的承载能力和抗震性能。例如北京地铁 13 号线、上海地铁 7 号线等。（4）装配式建筑：许多装配式建筑采用中空钢管混凝土叠合柱结构，以提高建筑的安全性和耐久性。例如钢结构别墅、集装箱房屋等。总之，中空钢管混凝土叠合柱结构在现代建筑和桥梁中应用广泛，已成为一种受欢迎的结构形式。由此可见，随着人们对结构框架认知的增多，中空钢管混凝土叠合柱在工程中的应用越来越广泛。

本书主要讨论了新型结构中空钢管混凝土叠合柱，并探究其抗爆性能的影响因素以及剩余承载能力的分析。由于中空钢管混凝土叠合柱的高强度性，使其面对爆炸时，破坏程度要明显弱于一般的钢筋混凝土柱和钢管混凝土叠合柱。

综上所述，本书提出一种新型中空钢管混凝土叠合柱，并对未来新型建筑承重柱的设计提供科学的理论与参考（图 1-6）。

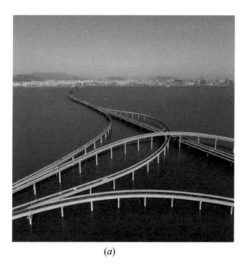

（a）   （b）

图 1-6　中空钢管混凝土叠合柱的应用
（a）青岛海湾大桥；（b）上海中心大厦

1.2　国内外研究现状

钢筋混凝土结构作为最常见的建筑结构，为了使其在日常建筑中发挥良好的承载作用，国内外学者在其动力性能上做过许多研究，其中主要包括钢筋混凝土梁、柱的力学性能、新型复合材料、抗震研究与冲击爆炸研究。

1.2.1 钢筋混凝土结构力学特性研究现状

在研究钢筋混凝土力学性能方面，王广勇、韩林海[1] 等人为进一步探究混凝土局部节点力学性能，将结构构件放置在火灾环境中进行有限元模拟分析，根据所建立的模型，很好地得到了在高温环境下局部节点残余内部应力分布规律，并在参数分析的基础上，进一步深入研究了节点内部受火方式、柱荷载比、梁荷载比、梁纵筋及配筋率等对节点形态、构件破坏形式，以及防火性能极限的影响规律。田力[2] 在钢筋混凝土柱粘结滑移模型基础之上，提出了一种基于竖向剩余承载力的损伤评估准则，用来判定碰撞冲击荷载下钢筋混凝土柱损伤破坏程度，并定量分析了刚性球质量、初速度与结构柱损伤度的关系。李秋明[3] 针对钢筋混凝土构件的受力构造特性作出了研究归纳，着重指出了高温爆裂这一关键因素对钢筋混凝土高温特性的影响。朱晓航[4] 首先研究了中空型钢混凝土柱的偏压特征，深入研究了变形型钢和混凝土之间的互相粘结滑动规律，并首次使用了 ANSYS 软件，对受偏压影响的中空型钢混凝土柱进行了建模，而后又通过改变试块的长细比、含钢筋率以及偏心距，进一步研究了单个变量对其偏压特征的影响，并与实验结果进行了对比验证，证明了数据的有效性。实验结果表明，变形钢筋与混凝土之间会在试件的抗拉强度大于极限承载力的 85% 时发生摩擦，当偏心度发生变化时，其纵向截面上的内部位置改变也将不再满足平面基本假定。混凝土试块的抗拉强度会随长细比的增加而降低，随含钢率的增加而提高；林琛教授[5] 根据侵彻性钢筋捆扎大直径混凝土的不同本构类型进行了失效准则参量的数值模拟试验，并利用 LS-DYNA 有限元程序进行了 HJC 本构类型的失效控制参数 FS 的校正，从而确定了 HJC 本构的失效具体系数。

1.2.2 钢筋混凝土结构新型材料研究现状

在研究建筑材料的新型材料构造方面，孙仁楼[6] 设想一个新的混凝土叠合板结构，这种构造是把全预先准备装配构件与全混凝土现浇构件的优点组合在一起，因而具备很高的综合强度与抗震特性。尹万云等[7] 研究高延性纤维增强水泥基复合材料（ECC）运用在节点区内未配置箍筋的结构中，这一类预应力混凝土/ECC 复合墙—柱节点构件的整体抗震性比在节点区内配置箍筋的结构更为优秀；马祥林等[8] 对较新型材料桁架型预应力混凝土叠合板的承载力特点进行了研究，并利用 ABAQUS 有限元软件，对该混凝土叠合板与其他混凝土叠合板的强度特点进行了对比研究，并利用现有的受弯型钢抗拉强度理论计算公式，给出了适用于纵桁预应力混凝土交叠底板的短期抗拉强度计算方法。董志强等[9] 提出新型材料纤维增强复合材料（FRP）并探究其耐腐蚀性能的优劣，通过数值模拟对 FRP 钢筋混凝土结构和普通钢筋混凝土结构进行对比，并通过加速老化试验、微—细观观测和理论计算分析相结合的方法，对 FRP 钢筋混凝土结构长期耐久性能中设计的关键问题，例如其在模拟海洋环境下抗弯性、粘结耐久性等问题进行了实验研究；杨翌等[10] 通过拟静力试验，研究了基于螺栓连接的新型钢筋混凝土（RC）构件中装配式建筑节点的结构进行改造后的特征，并对其与已装配的全尺寸钢筋材料结构框架节点进行了比较试验，并研究了结构形式、滞回曲线、骨架曲线、位移和延性、结构刚度和承载力退化以及内部耗能影响等参数，以及轴压比对内部新型构件结点抗震特性的影响。王作虎等[11] 为研究碳纤维增强复合材料（CFRP）对内部预应力混凝土柱轴压特性的尺寸影响，进行了一项试验研究。选取了 3 套大约 30 个几何相似的 CFRP 强化钢材料混凝土柱，并对其进行了轴受压破坏试验。测量参数主要包括了内部构件直径、外部预应力材料结构以及加载形式。通过研究 CFRP 型钢筋混凝土梁件在轴压荷载下的破坏状况、极限承载力、峰值应力、变形特性和残余应力的特征，设计研究了这种特征与构件尺寸间的联系。闫清峰[12] 等为研究大断裂应变纤维布（LRS-FRP 布）、芳纶纤维布（AFRP 布）和碳纤维布（CFRP 布）的钢筋混凝土短梁的轴压特征，设计研究了 9 个钢筋混凝土短梁的变形特性。还研究了不同 FRP 布种类、粘结方式、层数和宽度等对轴压特征的影响，并对加固后垂直变形的开裂特性、极限承载力和延性等特征开展了对比研究，并利用 ABAQUS 软件进行了有限元分析。

1.2.3 中空钢管混凝土叠合柱的发展现状

近年来，国家经济飞速发展，大跨度的桥梁和高层建筑日益增多，对于项目的施工速度以及施工质量提出了更高的要求。中空钢管混凝土叠合柱是一种新型的混凝土柱型结构，近年来，由于其特殊的结构形式以及卓越的性能表现，以及钢管混凝土叠合柱具有良好的受力性能在工程中得到广泛应用，中空钢管混凝土叠合柱在建筑结构领域得到了广泛的发展和应用。随着钢材技术的不断提高，中空钢管的制造工艺也得到了不断的改进。因此，中空钢管混凝土叠合柱由最初的方形和圆形钢管发展到了六边形和八边形等多种形状，同时又逐渐出现了受拉和受压两用的多边形中空钢管，并通过实验验证了其受力性能。此外，中空钢管混凝土叠合柱在结构设计方面也不断创新，如采用外加剪力墙、预应力钢带加固等多种方式来提高其地震抗力和冲击性能。中空钢管混凝土叠合柱还在新材料、新技术等方面有所探索和研究。在应用方面，中空钢管混凝土叠合柱主要在高层房屋建筑、桥梁、水利工程等领域中应用较多。特别是在地震区的建筑物中，中空钢管混凝土叠合柱作为耐震构件的应用已成为一种新型的趋势，是因为其本身强度高、韧性良好和适应性强等特点，能够有效降低建筑物在地震时的损失。中空钢管混凝土叠合柱随着技术和经验不断的积累，前景十分广阔。未来，它将在更多领域中得到应用，把其性能表现发挥到极致。如南京江北图书馆地下室采用中空钢管混凝土叠合柱结构，如图 1-7 所示。南国中心二期地下室工程采用中空钢管混凝土叠合柱，通过浇捣孔进行浇筑，自下而上完成钢管柱外侧二次浇筑形成中空钢管混凝土叠合柱，如图 1-8 所示。

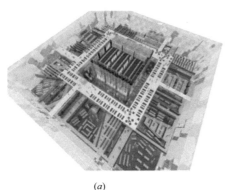
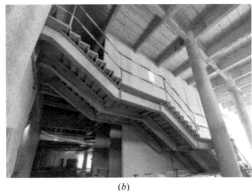

(a)   *(b)*

图 1-7 南京江北图书馆工程
（*a*）南京江北新区图书馆设计方案；（*b*）南京江北新区图书馆地下室钢管叠合柱

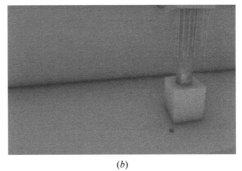

(a)   *(b)*

图 1-8 武汉南国中心二期地下中空钢管混凝土叠合柱施工 BIM 示意图
（*a*）南国中心二期二标段地下施工 BIM 示意图；（*b*）中空钢管混凝土叠合柱施工 BIM 示意图

中空钢管混凝土叠合柱等组合结构由于其截面开展、抗弯刚度高、结构自重轻等特点，在实际工程中很好地适用于超高层建筑结构、高架桥和大跨桥的桥墩、海洋平台的支架柱等，被广泛应用在实际工程领域中。由于外部钢筋混凝土和内部钢管之间良好的协同工作能力，使得中空钢管混凝土叠合柱性能优异，其在实际工程领域中的应用范围越来越广，例如上海的金茂大厦、重庆环球金融中心大厦、大连海创国际大厦及其他重要高层建筑都采用了中空钢管混凝土叠合柱，这些建筑都取得了良好的经济与社会效益。由此看来，中空钢管混凝土叠合柱在我国的高层住宅建筑和高层商务中心建筑等得到广泛的推广应用。

1.2.4　钢筋混凝土结构冲击爆炸研究现状

结构遭受冲击荷载作用是指结构承受突发的外力作用，导致结构产生破坏或变形的现象。常见的冲击荷载包括爆炸、地震、冲击载荷、水冲击等。结构遭受冲击荷载作用产生的原因很多，如建筑物自身结构设计问题、自然灾害、意外事故等。发生冲击荷载时，建筑结构体系与地基之间的相互作用也不同于正常工作状态。同时，对于高层建筑、桥梁、大型体育场馆等大型工程结构，冲击荷载的影响也很明显。在冲击荷载作用下，结构的破坏形态通常是塑性变形，甚至是破裂破坏。因此，在结构设计中，需要考虑合理的设计和构造，以增强结构的抗冲击承载能力。常用的加固措施包括钢筋加固、混凝土喷涂、粘贴玻璃纤维增强材料等。另外，对于一些需要抵御冲击荷载作用的建筑物，如核电站、高层建筑、防空洞等，需要特别注意结构设计的抗冲击要求，采用独特的结构形式和材料。比如，核电站采用厚重的混凝土结构，同时在地震、洪水、恐怖袭击等方面采取了多项措施来增强其抗冲击性能。面对突发的冲击荷载作用，结构设计需要充分考虑其抗冲击能力，并采取科学、合理的加固措施。

然而，随着国家经济和社会的快速发展，土木工程行业随之稳步向前发展，施工水平也不断提升，高层建筑拔地而起，大跨度桥梁也越来越多，结构在服役过程中，除了要经受各种的静荷载、风荷载和地震荷载及其他动力荷载以外，有时还会有特殊荷载的作用、车辆船只对桥墩的撞击、飞机汽车对建筑物的撞击等情况。

如 2001 年 9 月 11 日发生令世界为之震惊的"911 恐怖袭击事件"，恐怖组织策划实施劫持一架民航客机撞击世贸中心南、北两座大楼，造成两座高层建筑坍塌，有将近 3000 人死亡，同时超过 6000 人在此次事件中受伤，造成不可估量的经济财产损失，如图 1-9 所示。2021 年 7 月 13 日上午，一艘船与广东番禺大桥发生碰撞，导致大桥一桥墩残生裂痕，致使交通停滞，现场封停，如图 1-10 所示。2016 年 9 月 29 日，位于新泽西州的霍博肯火车站，一列火车脱离轨道撞向月台，站台屋顶发生倒塌，1 人死亡，114 人受伤，如图 1-11 所示。

图 1-9　9·11 事件

图 1-10　船撞击番禺大桥

(a)　　　　　　　　　　　　　　　　　(b)

图 1-11　新泽西霍博肯火车站发生列车撞击月台事故

（a）火车严重损害；（b）火车撞击车站月台

综上所述，为了减少在受到冲击荷载作用而破坏倒塌造成不必要的人员伤亡和财产损失，对于中空钢管混凝土叠合构件在抗冲击荷载作用下的动力响应及冲击荷载作用后损伤程度的损伤评估显得尤为重要。

在研究钢筋混凝土梁、柱的冲击爆破方面，Sherkar P 等[13] 最早经过使用有限元软件 AUTODYN 进行模拟，研究了爆炸冲击波的产生、传播和反射的整个过程，并分析了爆轰波的特性以及网格尺寸对数值模拟结果的影响。此外，还探究了炸药的形状、起爆方向以及起爆点对爆炸荷载的影响。董义领等[14] 使用 ANSYS/LS-DYNA 软件对钢筋混凝土柱进行了爆破模拟，并进一步研究了其在爆破影响荷载下的动态反应规律。该研究还详细分析了混凝土的抗拉强度、纵向轴压和纵向钢筋配筋率等对 RC 柱的抗爆性能的影响，并进行了对比分析。Tan 等[15] 还利用工程软件 ABAQUS 对钢骨混凝土墙构建了有限元模拟，以便于进一步地深入研究其抗爆性能。得出了以下结论：爆炸荷载幅值对柱的响应曲线几乎没有影响，只影响柱的位移幅值；适当增加箍筋比和含钢率，可减小位移幅度和柱大变形引起的破坏程度，还可以提高柱的延性，增加柱的能耗剩余，有利于结构的防爆。Ganesh Thiagarajan 等[16] 研究了高强度混凝土和普通混凝土板在爆炸荷载作用下的响应和性能。将数值模拟结果与实验值进行比较，确定材料参数和其他有限元模型相关的约束条件，并进行了网格敏感性和裂纹扩展研究，最后得出结论：使用高强度材料，提高了保护水平，并且在普通强度混凝土中使用高强度钢筋代替普通钢筋的变化比在高强度混凝土中更有效。闫俊伯等[17] 通过软件 LS-DYNA 建立了爆炸荷载下钢筋混凝土柱的三维模型，主要研究了配箍率和轴压比对其抗爆性能的影响，通过将仿真数据与实验数据结果进行比较，得出了配箍率对构件抗爆性能的影响不大，以及轴压比为 0.1 时构件抗爆性能最高的结论。Shi 等[18] 对钢筋混凝土柱在爆炸荷载作用下的损伤进行了空间可靠度分析，用平稳和非平稳随机模拟钢筋混凝土柱材料的空间变异性和尺寸特性。使用了高保真物理计算机程序 LS-DYNA，引入了蒙特卡罗模型理论和数值方法，并导出了在某些危险的情况下，钢筋混凝土柱在爆破荷载影响下的爆破影响可靠性曲线，用于评估钢筋混凝土柱的设计质量和剩余轴流式承载能力。程小卫等人[19] 使用有限元软件 LS-DYNA，对在爆破影响荷载作用下的钢筋混凝土进行了有限元模拟，深入研究了碰撞体形态、撞击体质量、撞击体的速度、配箍率、混凝土强度等级等各种因素，以及对钢筋混凝土柱抗冲击特性的影响，从而对在冲击影响下的钢筋混凝土的破坏模型实现了简化分析。Conrad Kyei 等人[20]，使用有限元软件 LS-DYNA 在对爆炸负荷的影响下，对钢筋混凝土构件进行了有限元模拟。研究结果表明，在横向配筋间隙的轴流式加载对近距离爆破荷载作用下钢筋混凝土柱的特性可以产生很大作用，但是，对远距离爆破荷载下的损伤作用还是很不明确的。赵武超等人[21] 通过落锤冲击试验以及数值模拟的方法，研究了钢筋混凝土柱在冲击荷载下的抗冲击特征及其损伤机理，并基于对冲击荷载的作用突出程度和持续时间长短的特性，给出了基于横截面损伤因素的损伤评估方法，并利用参数方法研究了箍筋间距、边界状态、冲头类型和长度，以及冲击位置对钢筋混凝土柱的动力响应和对损伤影响的作用。Gholipour 等人[22] 通过 LS-DYNA 软件，对钢筋混凝土柱进行了有限元建模，并进一步地探讨了它在大爆炸和碰撞联合作用下的热力学特性。研究表明，相同的冲击载荷与远场爆炸的组合应用时会导致更严重的破坏。此外，冲击载荷优先于爆炸提供了更密集的组合载荷场景，并导致柱更严重的剥落和整体失效。姜天华等[23] 研究了在爆炸荷载作用下钢纤维混凝土箱梁的动力响应，并与普通混凝土梁进行了比较，主要探讨了炸药量和爆炸高度对结构应变峰值的影响。孙姗姗等[24] 设计并制作了 4 根混凝土墩柱，对这 4 根混凝土墩柱进行爆炸试验，在这 4 根墩柱中，其中 1 根置入了钢管，设计为中空钢管混凝土墩柱，其余 3 根为普通混凝土墩柱。通过将抗爆试验数据和有限元分析数据相结合的方法，研究了这两种形式柱的抗爆性能。吕辰旭、闫秋实等[25] 为探究装配式钢筋混凝土柱在近爆荷载下的抗爆性能与爆炸后受损柱子加固修复性能，进行了三次化学爆炸试验，获得了 PC 柱的动力响应与损伤破坏试验数据，分析了装配式钢筋混凝土柱与现浇钢筋混凝土柱试验结果差异。

1.2.5　钢管混凝土柱结构力学性能研究现状

钢管混凝土作为一种用内置钢管替代内置钢筋的一种混凝土结构，优秀的抗弯抗剪性能让它逐渐成为了钢筋混凝土的替代品。目前，已经有不少学者对钢管混凝土结构展开了一系列研究。

在分析方钢管混凝土结构力学特性时，李晓东等人[26] 对受火 1h 后的 L 形型钢混凝土柱的力学性能进行了研究，采用加载实验的方法，探究不同偏心距对其承载力的影响规律，同时分析了其破坏形态和破坏机理。柯晓军等[27] 通过偏心受压试验，研究探讨了型钢混凝土结构墙的断裂类型和约束机理，提出了正截面压弯强度的计算公式，并考察研究了对型钢结构的约束作用的影响。通过检测了 41 组试验样本，确定了其计算公式的正确有效，并作为试验基准设计。李昆明、陈联盟等[28] 通过制作 6 个试件，其中偏心距和试件长径比均为 5，钢管径厚比为 100，每个参数制作 2 个相同试件，进行偏心加载试验。获得试件的荷载—变形曲线、荷载—挠度曲线等数据，并基于试验结果分析了 CFRP 约束钢管混凝土柱的偏心受压工作机理。李泉、周学军等[29] 通过按照试验结果中所表示的变形长度比、偏心距和偏心角，选择出了 9 种不同长细比的垂直应变，并完成了偏心受压试验。通过观察垂直变形的破坏情况，得到了压力—应变曲线和受压—挠性曲线，并探讨了垂直变形偏心受力特征的影响因素。张素梅、李孝忠等[30] 人设计并开展了 14 个型钢约束的新形钢筋混凝土短梁和 14 个型钢混凝土短梁的轴压试验，以构件外形、内部和外围的钢管含钢量以及核心钢材质量等级为依据，在型钢混凝土外层增加了圆型钢形成钢管约束的型钢混凝土组合梁，以便改善中心钢材约束性能并增加其结构力学性能。通过观察试验现象和不同试件的破坏模型，深入研究各种重要参数对试件轴压力学性能发展的影响，剖析内层和外部钢管应力及应变发展的规律，并通过比较分析钢管混凝土与钢管约束的钢管混凝土的强度和形状特性。Ji Sun-Hang[31] 完成了 20 个十字形和工字形钢横截面柱在循环负荷作用下的实验。研究了轴压比和型钢截面类型对试件破坏模式、侧向荷载—位移曲线和抗震性能的影响。试验结果表明，与方形截面柱相比，圆形截面柱发生了严重的钢管局部屈曲和断裂，表现出更优异的循环性能。

1.2.6 钢管混凝土柱结构冲击研究现状

在研究对钢管混凝土的冲击时，周泽平等人[32] 研究了钢筋混凝土柱在刚性小球低速撞击的情况下，钢筋混凝土产生的破坏损伤，主要分析了刚性小球的质量、冲击速度对钢筋混凝土柱损伤的影响。王蕊等[33] 以钢管混凝土梁为主要研究对象，对 44 个垂直变形开展了横向冲击实验，主要研究了它的损伤形式，并比较了在边界状态与钢管厚度不同的情况下钢管混凝土梁的抗冲击特性，并给出了 CFST 构件的含钢率和套箍系数及临界冲击能力的函数表达式，研究结果显示，在边界状态下为两端固定的垂直变形所引起的损伤程度最大，同时钢管厚度的增大，也使得垂直变形能受到水平撞击影响。张瑞坤等人[34] 研究分析了 8 个钢筋混凝土柱子，并对这 8 个试件进行了横向压力测试，对其跨中的应变、尺寸和混凝土的应力等进行了统计分析与探讨，同时利用 ANSYS 有限元软件对其结构进行模拟，并探讨了箍筋的间隙、转动惯量等数据及其对钢筋混凝土柱子耐冲击特性的作用。Thilakarathna 等[35] 对在侧向冲击荷载作用下的钢筋混凝土轴压受压柱进行了数值模拟，并利用现有实验结果进行了验证，将冲击力时程、跨中和残余挠度以及支座反力的模拟数据与实验数据结果进行了比较，提出了一种在最常见的冲击模式下，确定受冲击柱与新一代车辆碰撞时的易损性的通用方法。Remennikov 等[36] 对硬质聚氨酯泡沫塑料填充方钢管构件进行了一系列的落锤试验，并将其与普通混凝土方钢管结构的落锤实验数据结果进行了比较，以研究二者之间在耐冲击特性方面的差别。AL-Thairy 等[37] 采用了数值模拟的方法研究了不同冲击位置和不同冲击速度下的受侧向冲击的轴向受压钢柱的性能和破坏形态，通过将冲击力时程、变形、最大位移和破坏形态等几个方面与他人实验结果进行比较，验证了结果的有效性。Mohammad 等[38] 采用了 ABAQUS 有限元软件，对中空和混凝土填充方形的不锈钢管结构进行了有限元模拟，将数值模拟结果和现有试验成果进行了比较，比较了中空方钢柱在冲击荷载作用下的性能与钢管混凝土柱的性能，此外，还比较了空心钢管混凝土不锈钢柱与软钢柱在冲击载荷作用下的动力响应。

1.2.7 钢管混凝土柱结构抗爆研究现状

在研究钢管混凝土结构爆炸方面，Christoph Roller 等[39] 研究了钢筋混凝土柱在接触或近距离爆炸载荷作用下的力学特性。为此，进行了一系列由普通强度混凝土和高级混凝土材料制成的柱的对比试验。研究表明，与无保护的钢筋混凝土柱相比，一层薄薄的额外吸收材料会导致剩余承载能力的大幅增加。此外，通过对材料构件进行了优化设计，还可以提高工程总体的承载能力；日本 Shui-chi Fujikura 等[40] 进行了 10 根（1/4 比例模型）圆钢管混凝土桥墩柱的爆炸试验，试验结果表明该材料在抵抗爆炸荷载方面具有很好的延性，与理想弹塑性单自由度等效法计算结果对比后发现可靠性较高。同时，研究了考虑压力折减等因素的最大位移计算方法。李国强等[41] 为研究钢管混凝土柱（CSTC）的抗爆特点，选取了 12 个钢管混凝土柱的变形开展了现场爆破试验。试验研究中，首先探讨了柱的迎爆面与背爆面的冲击波荷载等程曲线关系及其荷载分配方法等问题，并就柱的位移和与结构应力作用有关的问题展开了探讨。此外，还研究了各种炸药当量、炸药安装尺寸、垂直变形轴压比、混凝土强度等级、含钢率等参数对钢管混凝土柱抗爆性能的影响。最后，给出了满足以上各种因素下的钢管混凝土柱抗爆性能的评估方法。同时张智成等[42] 还选取了 16 种型钢再生混凝土构件进行了对比试验，并对 6 种型钢普通混凝土构件开展了对比试验，以进一步研究型钢混凝土再生混凝土构件在侧向荷载作用下的性能。研究了不同落锤直径、再生钢直径骨材取代率等因子及其对构件抗冲击特性的影响作用；与赵均海等人[43] 共同研究了构件的破坏形式、破裂因素以及对爆破冲击波与构件结构的影响，系统研究了钢管混凝土构件在爆破荷载作用下的动态反应，建立了全新的构件破坏准则框架，形成了能够准确预测在爆破荷载作用下钢管混凝土柱动态反应的作用模型与反应模式，并归纳了钢管混凝土柱在爆破荷载作用下的破坏形式与损伤机制，提出了对各种截面形式的钢管混凝土柱、典型构件和梁柱节点的损伤作用曲线。刘兰等人[44] 通过有限元分析软件 ANSYS/LS-DYNA，建立了 12 个长细比不同的模拟试件，探讨了长细比对 CFRP 约束钢及混凝土结构的抗爆性的影响，研究结果表明：长细比越大垂直于应变方向的跨中偏移峰值和残余偏移就越大，其增长速度也就越大，对垂直应力方向的破坏也就越严重，抗爆性能越弱；而长细比对短柱抗爆性能的影响最小，而对长柱子抗爆性能的影响却最大。徐亚丰等人[45] 利用软件 ABAQUS 对受到偏压作用的钢骨—圆钢管高强度混凝土柱进行了有限元模型的建立，分析了长细比、偏心距和钢骨指标等参数对其偏压性能的影响。孙大威、徐迎等[46] 利用 LS-DYNA 有限元软件，建立了 FRP 钢管混凝土柱模型，使用流固相互作用耦合的方法进行数值仿真，通过对比研究数据证实了该方法的有效性；研究结果表明，FRP 厚度、钢筋质量、轴流式压力，以及钢材尺寸等均能对 CFFT 柱的抗爆性能造成影响。马琪等[47] 对 L 形截面钢管混凝土短柱进行落锤冲击试验，将试验数据与数值模拟相结合，分析了钢管壁厚度、混凝土强度等级和冲击位这三个参数对此短柱抗冲击性能的影响。齐宝欣等[48] 利用有限元分析软件 ANSYS/LS-DYNA 对爆炸压力影响最大的型钢混凝土柱开展了仿真研究，探讨了钢柱断面形状、纵筋的配筋率和柱高等参数对型钢混凝土柱抗爆性能的影响。王帅[49] 进行了钢骨—钢管混凝土柱实体有限元模拟，假定柱子的两端均为固定端，使用有限元软件 ABAQUS 进行了 CAE 的仿真分析，将爆炸压力直接施加在柱子的侧面上，并重点探讨了轴压比对钢骨—钢管混凝土柱防爆特性的重要作用。

1.2.8 爆炸领域损伤评估研究现状

在爆炸领域中对损伤评估方法的研究较为成熟[50-87]，其中根据 $P—I$（压力—冲量）曲线进行损伤评估的方法被广泛应用[88]。$P—I$ 曲线的应用历史悠久，最早可追溯到第二次世界大战期间，当时主要用于评估建筑物损坏程度。随着时间的推移，该曲线也被广泛运用于爆炸冲击领域的损伤评估中。

Wesevich[89] 等通过收集大量砖墙爆炸试验数据，对不同砖墙厚度、不同跨度和不同边界条件等试验数据进行整理，最终拟合出构件的 $P—I$ 曲线。Li 等[90,91] 基于单自由度模型，以最大位移作为破坏准则，对单自由度体系进行了 $P—I$ 曲线拟合，并深入探究了三角形和矩形荷载对 $P—I$ 曲线的影响。Fallah 等[92] 在 Li 的研究成果基础上，使用单自由度体系模型对构件进行简化，由于本构关系更为精确，因此得到的 $P—I$ 曲线也更加准确。李楠[93] 等采用数值建模分析和理论分析相结合的方式，对爆炸荷载作用下的内掺钢纤维高强度混凝土构件进行了损伤评估研究，通过对比数值模拟方法和等效单自由度方法得到 $P—I$ 曲线，发现数值模拟的方式能够更好地反映构件的动态响应。Soh[94] 通过数值模拟的方式对钢管混凝土梁进行了损伤评估研究，采用能量平衡法预估超压和冲量两条渐近线的大概位置，然后通过拟合数值模拟所得到的数据，最后拟合出 $P—I$ 曲线。孙健运[95] 通过有限元分析对钢骨混凝土受爆炸冲击作用进行了研究，对钢管混凝土的破坏模态进行了分析总结，以破坏模态的不同建立了五分区 $P—I$ 曲线。Shi[96-98] 运用数值模拟方式，研究了钢筋混凝土结构在爆炸冲击荷载作用下的动态响应及损伤评估方法，并提出了一种基于竖向剩余承载力的破坏准则，以及相应的基于竖向剩余承载能力的损伤评估方法。Mutalib[99] 等采用有限元分析的方法，对 FRP 混凝土柱受爆炸荷载作用后的损伤程度进行了研究，以轴向剩余承载能力为指标，进行损伤评估。崔莹[100] 利用有限元软件 AN-SYS/LS-DYNA 对复式空心钢管混凝土柱进行了研究，通过控制参数变化，对叠合构件在爆炸荷载作用下的动态响应进行了分析，以动态响应为基础确定了损伤评估准则，建立 $P—I$ 曲线，由曲线拟合出数学表达公式。Zhang[101] 利用有限元软件对钢管混凝土在爆炸荷载作用下的动态响应和损伤特性进行了研究，基于残余轴向承载能力建立了损伤评估指标，通过参数化分析的方法，分析了各个参数的变化对叠合柱损伤程度的影响。阎秋实[102] 对车站柱进行了有限元分析，本研究探究了近距离爆炸以及不同炸药当量对结构柱的抗爆耗能性能的影响，提出"炸药—空气—混凝土柱"耦合计算模型能够精确对近距离爆炸作用下混凝土柱进行分析计算，提出了基于剩余承载能力的损伤评估方法，可以为实际生活中车站遭受爆炸后的损伤评估提供依据。

1.2.9　冲击领域损伤评估研究现状

王新征[103] 通过有限元软件 AUTODYN 对钢管混凝土的损伤演化过程进行了研究，控制冲击物质量、冲击速度和冲击位置等参数的变化，对钢管混凝土的损伤破坏形式进行了定量分析，发现从冲击部位开始，然后向下发展，严重损伤区域主要发生在冲击位置、约束端部和形变较大处。朱聪[104]、田力[105] 建立了钢筋混凝土分离式建模的粘结滑移模型，验证了模型的准确性，针对钢筋混凝土柱在遭受冲击荷载时的动态响应和破坏形式进行了研究，发现冲击体质量和冲击速度是影响钢筋混凝土柱动态响应和破坏程度的主要变量。同时，提出了基于轴向残余承载力的损伤评估准则，并对钢筋混凝土柱进行抗冲击加固的措施提出建议。赵武超[106] 通过有限元分析的方法，研究钢筋混凝土梁在冲击荷载作用下的动态响应和损伤情况，提出了基于截面损伤因子的损伤评估评定方法，该方法适用于分析梁沿长度方向的损伤分布情况。

1.3 存在问题

（1）目前对叠合构件的研究越来越多，整个体系日渐完善，但对中空钢管混凝土叠合柱在冲击荷载作用下的动态响应及破坏形态的研究相对较少，对于该结构形式受冲击荷载作用后的剩余承载能力和损伤评估方面的研究也需进一步完善。

（2）目前对中空钢管混凝土叠合柱在冲击领域的损伤评估研究仍处于起步阶段，大部分对钢筋混凝土结构受冲击荷载作用的损伤评估研究是在爆炸领域的，但爆炸领域的损伤评估指标并不能完全适用于冲击领域。

（3）有限元分析的方法虽然能够节约大量时间和人力、物力，但是想要做到完全还原现实中的情况存在一定难度；目前，市面上有限元分析软件众多，各种材料的本构模型众多，对模型本构的选取及其他参数的设置等都将影响有限元分析的结果。

1.4 主要研究内容

本书主要通过理论分析和数值模拟方法对中空钢管混凝土叠合柱抗爆性能及其爆炸后剩余承载能力计算进行研究，通过设置相同条件下的不同参数，对中空钢管混凝土叠合柱的爆炸进行模拟，然后观察其破坏形态，并总结归纳。主要研究内容如下：

（1）爆炸及剩余承载力的基本理论研究。通过查阅文献资料了解国内外研究背景及研究现状，并对爆炸基本理论展开探究；收集并梳理近些年国内外的爆炸事件，深入了解爆炸现象理论、分类、爆炸空气冲击波的特点等知识，了解爆炸荷载与空气的基本参数，总结归纳推导出的经验公式；通过爆炸相关文献汇总出爆炸荷载作用后，钢筋混凝土、钢管混凝土的剩余承载力计算方法，为通过有限元软件进行模拟对照、计算出剩余承载力作参考。

（2）各参数对抗爆性能影响研究。利用有限元软件 ANSYS/LS-DYNA 对爆炸负荷影响下中空钢管混凝土叠合柱进行建模分析，建立爆炸荷载作用下中空钢管混凝土叠合柱有限元模型，通过改变相关参数分析各个参数对中空钢管混凝土叠合柱抗爆性能影响，主要包括长细比、混凝土强度等级、炸药量、配箍率、钢管厚度等参数，以此来确定中空钢管混凝土叠合柱典型破坏形式及爆炸冲击波的传播规律，并确定中空钢管混凝土叠合柱抗爆性能的影响因素及损伤机理。

（3）轴向承载能力研究。通过爆炸后的混凝土模型，来进行重启动分析，确定爆炸荷载作用后中空钢管混凝土叠合柱轴向承载能力，并对爆炸后中空钢管混凝土叠合柱进行剩余承载能力的分析。

（4）结构响应分析研究。利用 ANSYS/LS-DYNA 软件对中空钢管混凝土叠合柱在冲击力作用下的结构响应进行分析，通过有限元分析得到中空钢管混凝土叠合柱的冲击荷载—时间曲线和位移—时间曲线，并通过后处理软件对中空钢管混凝土叠合柱的破坏形式、内能分布和冲击过程进行描述分析。

（5）损伤评估研究。在中空钢管混凝土叠合柱动态响应研究的基础上，选择损伤评估的主要变量，建立基于竖向残余承载力损伤评估准则；通过大量的有限元分析，拟合出中空钢管混凝土叠合柱的损伤评估曲线，为中空钢管混凝土叠合柱受冲击荷载作用下损伤评估提供依据。

1.5　技术路线

技术路线如图 1-12 所示。

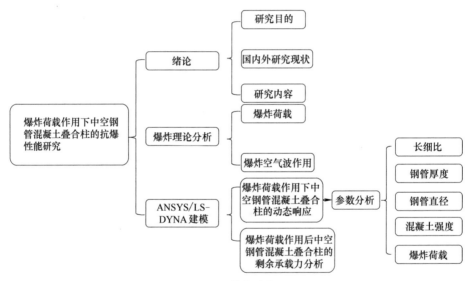

图 1-12　技术路线图

2

爆炸现象及材料本构参数

2.1 爆炸理论概述及抗爆分析

2.1.1 爆炸理论概述

爆炸在生活当中尤为常见。爆炸是指物质内部能量迅速释放，使其物理或化学状态发生剧烈变化，并释放出大量能量的过程。这个过程中会产生巨大的冲击波、高温、高压、噪声、光辐射等效应。爆炸通常是由于化学反应、燃烧、压力、撞击、振动等因素引起的。爆炸的应用领域很广泛，诸如炸药、火箭发动机、内燃机、气体爆破等，都是研究爆炸的重要领域。物理爆炸与化学爆炸是指爆炸的两个主要爆炸类型，其中基于外界物体的高温以及压强增加所发生的爆炸称为物理爆炸，如高温爆炸等；而化学爆炸则是指基于化学物质本身，在某种情况下产生的化学变化，如粉末爆炸、普通炸药爆炸等。同时，由于爆炸的危险性，研究爆炸的机理、爆炸后果、爆炸防护等方面也是很重要的。

2.1.2 抗爆分析

抗爆分析是指对建筑、结构、材料等物体进行分析和评估，以确定其在遭受爆炸冲击或爆炸破坏时的抗爆性能和安全性。

抗爆分析通常涉及以下方面：

（1）爆炸场景分析：确定爆炸源和爆炸物的性质、位置和数量等，以及周围环境和结构的情况，建立爆炸场景模型。

（2）爆炸载荷计算：计算爆炸冲击波、飞片、火焰等载荷的大小和作用时间，以及其对结构物的影响。

（3）抗爆设计：根据爆炸载荷计算结果，对建筑、结构、材料等进行设计和优化，以提高其抗爆性能和安全性。

（4）抗爆仿真分析：利用有限元仿真技术，对抗爆设计进行验证和评估，分析结构物在不同爆炸场景下的响应和破坏情况。

（5）抗爆材料研究：研究和开发新型抗爆材料，以提高建筑、结构和设备的抗爆性能和安全性。

抗爆分析的目的是保护人员、设备和环境的安全，减轻爆炸事故造成的损失和影响。在军事、民用工程和重要设施等领域，抗爆分析是一项至关重要的工作。

除了上述提到的方面，抗爆分析还需要考虑以下因素：

（1）爆炸场景的复杂性和不确定性：爆炸场景往往受到多种因素的影响，如爆炸物的种类、形状、密度、起爆方式、爆炸物与周围环境的相互作用等。这些因素的不确定性会导致爆炸场景的复杂性，需要通过多种手段进行评估和分析。

（2）结构物的类型和用途：不同类型的结构物在抗爆分析时需要考虑的因素也不同。例如，军事设施需要考虑抗弹性能和隐蔽性能，而民用建筑需要考虑疏散和逃生安全等。

（3）抗爆设计的可行性和经济性：抗爆设计需要考虑到实际的可行性和经济性。例如在一些情况下，增加结构的抗爆性能会导致设计成本的增加和施工难度的提高。

（4）抗爆分析的标准和规范：抗爆分析需要遵循一定的标准和规范，以确保分析结果的通用性和可比性。例如，美国联邦紧急管理局（FEMA）和美国国家标准化组织（ANSI）都发布了相关的抗爆设计和评估标准；我国石油化工领域也出台了相关标准。

综上所述，抗爆分析是一项综合性的工作，需要多学科的知识和技能。随着科技的发展，抗爆分析方法和技术也在不断更新和完善，以满足不断变化的抗爆需求。

2.2 爆炸荷载的分类

爆炸荷载根据炸药的约束情况大致分为两类：有约束爆炸和无约束爆炸，而两种爆炸情况根据爆炸在结构内或外又可进一步细分，具体如下：

2.2.1 有约束爆炸荷载

1. 充分通风爆炸

爆炸产生于障碍物周围的一个或多个自由面结构内，爆炸冲击波向周围四散而开，极少爆炸冲击波会遭到阻挡，大部分向空气中传播散开。

2. 部分约束爆炸

爆炸发生在半封闭结构空间，大部分空间会形成反射波，但小部分的冲击波则会扩散到空间外，爆炸冲击波也会在炸药的起爆后一定时间内冲破结构，并在空气中迅速扩散，但爆炸冲击波时间一般较长。

3. 完全约束爆炸

爆炸发生在完全封闭的结构之中，爆炸所产生的能量完全作用在结构之上，没有进行空气传播。

2.2.2 无约束爆炸荷载

1. 自由空气爆炸

爆炸发生在距离结构较远的地方，所产生爆炸冲击波在传播过程中由于处于自由空气中通常不会被阻挡，并且冲击波没有经过地面反射进行增强，所以对结构产生的破坏性很小。如图 2-1 所示为自由空气场中爆炸荷载示意图。

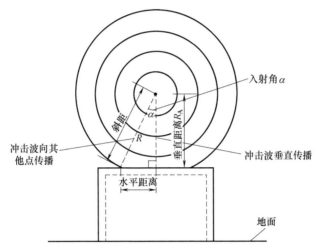

图 2-1　自由空气场中爆炸荷载图

自由空气场爆炸产生的冲击波的典型压力时程曲线如图 2-2 所示，其中 P_0 为目标点的大气压，起爆后所产生的爆炸冲击波在经过时间 t_A 后到达目标点，

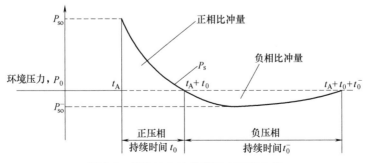

图 2-2　爆炸冲击波典型压力时程曲线

此时目标点处的压力迅速升至 P_{so}，随着爆炸冲击波的传播，压力逐渐减小，在经过 t_0 后回到最初点。之后经过了 t_0^- 压强随着爆炸冲击波的向前传播下降至负压，到达峰值 P_0^- 后逐渐恢复到起始点。

所形成的反射波和入射波之间互相耦合，从而使得产生于结构上的喷气冲击波压力峰值和总冲量均有所增加。反射波与入射波之间的相互作用时程曲线如图 2-3 所示。在传播时，爆炸喷气冲击波如果碰到地面、障碍物或结构的表面时，会反射出反射波。

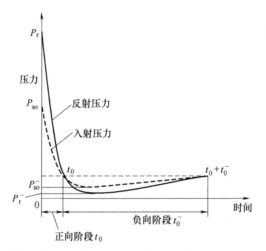

图 2-3   入射冲击波和反射冲击波压力时程曲线对比

2. 空气爆炸

爆破进行时，初始冲击波会经过地面的反弹而产生反射波，然后反射波与初爆炸的冲击波又结合在一起再一次到达结构表面，使得爆炸破坏的作用更加强

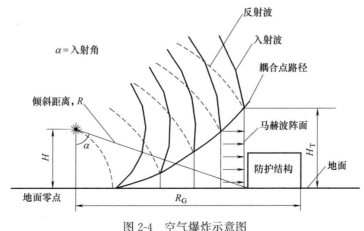

图 2-4   空气爆炸示意图

烈，见图 2-4 空气爆炸示意图。在作用到结构表面之前，在反射波和初冲击波的耦合作用下又形成了马赫波，在马赫波的高度范围内反射波的作用可以近似看作均匀分布。

3. 地面爆炸

与空气爆炸相比，爆炸发生在地表面上或靠近地表附近时，初始爆炸波会经过地面反射而增强，然后传递至被爆结构表面，形成地面爆炸荷载。如图 2-5 所示，同样的爆炸喷气冲击波和地球反射波互相耦合产生了马赫波，从而使产生于系统中的荷载的压力峰值和冲击能量都增大。

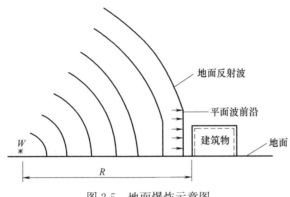

图 2-5　地面爆炸示意图

爆炸是一个非常复杂的问题，由于爆炸物通常是以固态或者液态的形式存在，而爆炸后这些固态或者液态物会由于高温而蒸发成气体，这种高压气体会与周围空气存在强大的压力差，会导致传播面产生间断，所以考量爆炸现象与流体力学有很大差异，有其特殊的状态方程。

2.3　爆炸荷载基本参数

2.3.1　相似定律

由于爆炸实验的苛刻性，导致一些理想情况下的爆炸实验不能很好地进行，只能通过小当量的炸药爆炸实验利用相似定律来模拟出大当量的炸药爆炸实验的情况。相似定律表达式为：

$$\frac{R_1}{R_2} = \sqrt[3]{\frac{W_1}{W_2}} \tag{2-1}$$

式中　W_1、W_2——炸药的重量；

　　　　R_1、R_2——炸药距离结构的距离。

同时依据爆炸相似定律，可以得出爆炸冲击波中的一些参数的计算公式，如下所示。

$$\Delta P^+ = \varphi_1\left(\frac{R^+}{\sqrt[3]{W}}\right) \tag{2-2}$$

$$\Delta P^- = \varphi_2\left(\frac{R^-}{\sqrt[3]{W}}\right) \tag{2-3}$$

$$\frac{T^+}{\sqrt[3]{W}} = \Psi_1\left(\frac{R^+}{\sqrt[3]{W}}\right) \tag{2-4}$$

$$\frac{T^-}{\sqrt[3]{W}} = \Psi_2\left(\frac{R^-}{\sqrt[3]{W}}\right) \tag{2-5}$$

式中　ΔP^+——冲击波中的正压幅值；

$\quad\quad \Delta P^-$——冲击波中的负压幅值；

$\quad\quad W$——TNT 当量；

$\quad\quad R$——炸药中心与结构之间的距离；

$\quad\quad \dfrac{R}{\sqrt[3]{W}}$——比例距离 Z；

T^+、T^-——冲击波中正负压的作用时间。

2.3.2　爆炸荷载参数

1. 超压峰值 P_s

超压峰值是指在炸药爆炸时，爆炸冲击波面上最外层的压力与周围环境压力的最大差值。超压峰值表示为：

$$P_s = \varphi(W, \rho_W, D, P_0, \rho_0, R) \tag{2-6}$$

经过公式变换之后得：

$$P_s = A_0 + A_1\frac{1}{Z} + A_2\frac{1}{Z^2} + A_3\frac{1}{Z^3} + \cdots\cdots = \sum_0^\infty A_n\frac{1}{Z^n} \tag{2-7}$$

式中　系数 A 由试验数据或曲线拟合确定。

现行国家标准《爆破安全规程》GB 6722 中给出的自由空气爆炸的超压峰值经验计算公式为：

$$P_s = 0.084Z^{-1} + 0.27Z^{-2} + 0.7Z^{-3}, \quad 1 \leqslant Z \leqslant 10 \sim 15 \tag{2-8}$$

《防护结构设计原理》一书中给出的超压峰值经验计算公式为：

$$P_s = 9.15 + 498\exp\left[-\left(\frac{(Z+2.25)^2}{20}\right)\right], \quad 2 \leqslant Z \leqslant 10 \tag{2-9}$$

Brode 提出超压峰值经验公式为：

$$P_s = \begin{cases} 0.67Z^{-1}+0.1 & P_{so}>1\text{MPa} \\ 0.0975Z^{-1}+0.1455Z^{-2}+0.585Z^{-3}-0.0019 & 0.01\text{MPa}<P_{so}<1\text{MPa} \end{cases}$$

$$(2-10)$$

Mills 给出的超压峰值经验计算公式为：

$$P_s = 108Z^{-1}-144Z^{-2}+1772Z^{-3} \qquad (2-11)$$

Henrych 给出的经验公式为：

$$P_s = \begin{cases} 1.4072Z^{-1}+0.54Z^{-2}-0.0357Z^{-3}+0.000625Z^{-4} & 0.1\leqslant Z\leqslant 0.3 \\ 0.619Z^{-1}-0.033Z^{-2}+0.213Z^{-3} & 0.3\leqslant Z\leqslant 1 \\ 0.066Z^{-1}+0.405Z^{-2}+0.329Z^{-3} & 1\leqslant Z\leqslant 10 \end{cases}$$

$$(2-12)$$

2. 正压持时 t_0

正压持时是指指定点的压力大于周围环境压力所持续的时间。正压持时与比例距离有关，而且还与炸药量有关，且炸药量越大，正压持时 t_0 越大。

正压持时经验公式为：

$$t_0 = 1.9Z^{1.3}+0.5R^{0.72}W^{0.16} \qquad (2-13)$$

3. 冲量 i_s

对于因为炸药引起的爆炸产生的冲击波给建筑物带来的破坏与冲量有着密不可分的关系，由纲量分析得出的公式为：

$$i_+ = \frac{C}{R}\sqrt[3]{W} \qquad (2-14)$$

$$i_s = i_+\left(1-\frac{1}{2R}\right) \qquad (2-15)$$

Henrych 通过对球形 TNT 装置进行了爆炸试验，给出的冲量的经验计算公式为：

$$\frac{i_s}{\sqrt[3]{W}} = 6630-\frac{11150}{Z}+\frac{6290}{Z^2}-\frac{1004}{Z^3} \quad (0.4\leqslant Z\leqslant 0.75) \qquad (2-16)$$

$$\frac{i_s}{\sqrt[3]{W}} = -332\pm\frac{2110}{Z}+\frac{2160}{Z^2}-\frac{801}{Z^3} \qquad (2-17)$$

2.4 爆炸模拟有限元软件

2.4.1 有限元软件 ANSYS/LS-DYNA

LS-DYNA 是一款基于有限元分析理论的通用非线性动力学（NLD）软件，

可用于模拟和分析各种复杂工程问题，包括碰撞和冲击、爆炸和炸药、塑性变形和断裂、流体—固体相互作用、声学、热和电等多个领域。

Livermore Software Technology Corporation（LSTC）开发的 LS-DYNA，已经成为国际上应用最广泛的非线性动力学分析软件之一。该软件拥有广阔的应用领域，包括了车辆、航空航天、造船、建筑、能源、医疗器械、武器、消费电子、土木工程等行业。它提供了一套完整的工具，包括模型建立、网格生成、材料建模、求解器、后处理和可视化等功能，可用于模拟不同尺度的物理过程和结构行为，从而支持各种工程设计、优化和分析任务。

同时 LS-DYNA 还支持多种求解器和计算模型，如显式和隐式求解器、有限元、边界元和离散元等，以及不同材料的建模，如金属、复合材料、泡沫、土壤、岩石等。此外，它还提供了多种辅助工具，如 LS-OPT 优化软件、LS-PrePost 前后处理器、LSTC ATD 人体模型等，方便用户进行高效的计算和分析工作。

总的来说，LS-DYNA 是一个功能强大、灵活性高、可扩展性强的软件，能够有效地解决各种非线性动力学问题，为工程设计和分析提供了可靠的支持。

2.4.2 ANSYS/LS-DYNA 分析的一般过程

ANSYS/LS-DYNA 有限元软件分析问题过程一般分为前处理、求解、后处理，具体如图 2-6 所示。

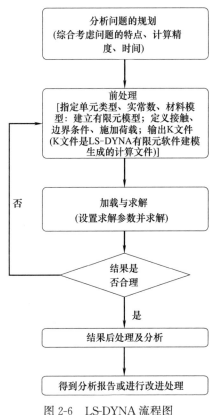

图 2-6　LS-DYNA 流程图

2.5　本章小结

本章对爆炸理论和冲击理论进行了概述，同时介绍了爆炸荷载的主要分类，其中详细介绍了有约束爆炸以及无约束爆炸的各个种类情况，通过分析不同情况的爆炸作用，来确定本书所模拟爆炸的情景为无约束爆炸，接着阐述了爆炸有关参数和爆炸相似定律，通过梳理国内外文献，将国内外学者针对爆炸参数中超压峰值、正压持时、冲量给出的经验计算公式进行了列举，对爆炸空气冲击波的原理和自由空气爆炸下的爆炸冲击波压力时程曲线进行了简要的说明，最后对有限元软件 ANSYS/LS-DYNA 进行了介绍，针对模拟时所用到的流程进行了说明。通过建模、划分网格等一系列前处理操作后，修改所生成的 K 文件，采用 LS-DYNA 求解器对模拟进行计算，将计算好的数据文件，利用 LS-PREPOST 进行后处理结果分析，对爆炸后应力、应变、时程曲线进行描绘，最后总结分析结果。

爆炸荷载作用下钢筋混凝土柱
数值模拟及试验验证

3.1 概述

在使用 ANSYS/LS-DYNA 进行钢筋混凝土构件有限元模拟时，所使用的钢筋、混凝土、空气、炸药本构模型有多种不同的选择，通过查找不同的文献，来确定最后要使用的本构模型参数，来使模拟数据与真实试验数据更加接近，使模拟更具有说服力。

由于爆炸试验条件的苛刻性，所以只能通过对相关抗爆文献中现场做的抗爆试验，利用有限元软件进行爆炸现场模拟还原，用有限元法对其构件进行模拟分析，通过与爆炸试验现场的破坏形式做对比，来验证本文研究设置的结构模拟数值的准确性。本文针对抗爆试验验证，摘取 Junbo Yan、Yan Liu 等人[58] 的 RC 梁抗爆试验来进行破坏形式对比验证。

3.2 RC 梁抗爆试验

为了验证数值模拟的准确性，通过查阅 Junbo Yan、Yan Liu 等人[58] 的 RC 梁抗爆试验，Junbo Yan、Yan Liu 等人[58] 在近距离爆炸条件下，对 12 根不同厚度的加固柱和 CFRP 薄片的加固方法进行了测试，将柱的性能与没有 CFRP 加固的对照组样品进行了比较。

由于本书只针对 RC 混凝土柱进行模拟分析，所以只对 RC 混凝土柱的爆炸荷载性能测试作为参考。

3.2.1 试件模型

柱的规格为高 1700mm，宽 150mm，长 150mm，纵筋选用 4φ12，箍筋选用

ϕ6@180，间距为180mm，两侧箍筋与柱顶间距为40mm，炸药距离构件的比例距离为400mm，炸药量为1kg，混凝土强度等级为C30。具体配筋图如图3-1所示[58]。

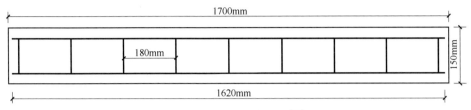

图 3-1　RC 柱设计细节[58]

3.2.2　爆炸装置

图 3-2 显示了柱式测试的典型设置。所有测试柱均采用 TNT 法在横向冲击波载荷下进行测试。这些柱子由混凝土底座支撑，混凝土底座作为凹槽底座浇筑，作为试样下侧的固体支撑。这个圆柱被设计为一个固定的支撑物。为了模拟柱上的静态轴向载荷，使用一个千斤顶和两个直径为 28mm 的预应力钢绞线对柱进行轴向预加应力。钢绞线被固定在柱子两端的钢板上。为防止压力波的缠绕，并保护试样的测试装置和接线，在试样的两侧放置了两块尺寸为 1500mm 长、500mm 宽、10mm 厚的钢板[58]。

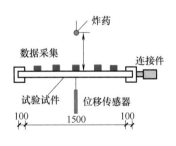

图 3-2　爆炸试验设置

3.2.3　试验结果

通过观察 RC 柱的破坏形式可知，RC 柱发生塑性弯曲变形，破碎长度为 150mm，剥落长度为 420mm。破坏主要集中在柱中背爆面，出现裂痕以及剥落，柱中纵筋与箍筋发生弯曲变形，具体破坏形式见图 3-3。

图 3-3　RC 柱的破坏形式

3.3　数值模拟

3.3.1　模型建立及单元划分

在试验框架设计上，主要采用有限元软件 ANSYS/LS-DYNA，其中的混凝土单元、空气单元、炸药单元均采用了 SOLID164 单元，而钢筋单元则采用了 BEAM161 单元。在网格划分方面，混凝土单元和钢筋单元均采用了 5mm×5mm×5mm 的网格尺寸，而空气和炸药单元均采用 10mm×10mm×10mm 的网格尺寸。图 3-4 展示了 RC 柱有限元网格划分图，其中网格尺寸为 5mm。图 3-5 则是空气和炸药的网格划分图，网格尺寸为 10mm。

图 3-4　混凝土模型网格划分

图 3-5　空气及炸药网格划分

3.3.2 材料的本构参数

将材料网格划分后，可以确定各种材质的本构模型，并选择适当的材质本构模型，但各种材质的本构模型所对应的关键字有所不同，具体内容如下所示。

1. 钢筋材料模型

由于钢筋属于各向同性材料，所以选择其材料模型为 * MAT_PLASTIC_KINEMATIC（003），003 号材料模型适用于各向同性和运动硬化塑性模型，可用于梁、壳和实体单元，计算中材料参数见表 3-1。

* MAT_PLASTIC_KINEMATIC 关键字参数设置   表 3-1

MID（材料标识）	RO （kg/m³）	E(Pa)	PR	$SIGY$(Pa)	$ETAN$(Pa)	β	C	P	FS	VP
1	7800	2×10^{11}	0.3	4×10^{8}	2×10^{9}	0	0	0	0	0
2	7800	2×10^{11}	0.3	5.54×10^{8}	2×10^{9}	0	0	0	0	0

其中 RO 为材料密度；PR 为泊松比；E 为弹性模量；$ETAN$ 为剪切模数；$SIGY$ 为屈服强度；C、P 为反应速度模型的反应速度系数；而 FS 则是塑性失效时的最大塑性应力。

钢筋应变曲线如图 3-6 所示。

其中 l_0 和 l 是单轴张力的未变形和变形长度；E_t 为双线性应力应变曲线的斜率。应变率使用了考伯和西蒙兹模式，见式（3-1）[67]，该模式测量了屈服应力。

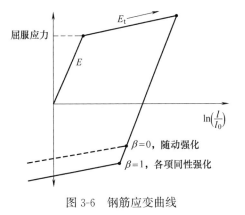

图 3-6 钢筋应变曲线

$$\sigma = 1 + \left(\frac{\varepsilon}{C}\right)^{1/P} \qquad (3-1)$$

式中 ε——钢筋应变率。

2. 混凝土材料模型

本模拟采用 72 号材料模型 * MAT_CONCRETE_DAMAGE_REL3 来定义混凝土本构关系，该本构模型是一个三不变模型，使用三个剪切破坏面，包括损伤和应变率效应，是基于 LS-DYNA 中 * MAT_16 的模型进一步开发而来。计算中采用 C30 等级混凝土，材料参数见表 3-2。

* MAT_CONCRETE_DAMAGE_REL3 关键字参数设置   表 3-2

MID	RO(kg/m³)	PR	A_0(Pa)	$RSIZE$	UCF(Pa)
3	2440	0.19	3.1×10^{7}	39.36	1.45×10^{7}

其中 RO 为总材料密度；PR 为泊松比；A_0 为最大剪切破坏参数；$RSIZE$ 为长度单位的换算系数；UCF 为应力单位换算系数。

3. 炸药材料模型及状态方程

本模拟采用 8 号材料模型 * MAT_HIGH_EXPLOSIVE_BURN 以及特定关键字 * EOS_JWL 控制的状态方程来对炸药进行模拟。计算中材料参数及关键字 JWL 参数见表 3-3、表 3-4。

* MAT _ HIGH _ EXPLOSIVE _ BURN 关键字参数设置　　　表 3-3

MID	RO $(\mathrm{kg/m^3})$	$D(\mathrm{m/s})$	$PCJ(\mathrm{Pa})$	$BETA$	$K(\mathrm{Pa})$	$G(\mathrm{Pa})$	$SIGY(\mathrm{Pa})$
4	1630	6930	2.1×10^{10}	0	0	0	0

* EOS_JWL 关键字参数设置　　　表 3-4

MID	A	B	R_1	R_2	$OMEG$	E_0	V_0
4	3.71×10^{11}	3.23×10^9	4.15	0.95	0.3	7	1

其中 RO 为材料密度；D 为爆炸速度；PCJ 为炸药在爆轰时，对爆轰波阵面的压力；K、G 为体积模量和剪切模量；$SIGY$ 为屈服抗拉强度。

关键字 JWL 控制的状态方程的表达式如式（3-2）所示。

$$P_0 = A\left(1 - \frac{\omega}{R_1 V}\right)e^{-R_1 V} + B\left(1 - \frac{\omega}{R_2 V}\right)e^{-R_2 V} + \frac{\omega E_0}{V} \tag{3-2}$$

式中　　　　　　　P_0——压力；

　　　　　　　　　V——相对体积；

　　　　　　　　　E_0——单位体积的相对内能；

ω、A、B、R_1、R_2——材料系数。

4. 空气材料模型及状态方程

本模拟使用九号材料模型 * MAT_NULL，以及特点关键字 * EOS_LINEAR_POLYNOMIAL 所控制的状态方程，对空气进行仿真模拟。计算中材料参数及关键字参数见表 3-5、表 3-6。

* MAT_NULL 关键字参数设置　　　表 3-5

MID	$RO(\mathrm{kg/m^3})$	PC	MU	$TEROD$	$CEROD$	YM	PR
5	1.22	0	0	0	0	0	0

其中，RO 为材料密度。

* EOS_LINEAR_POLYNOMIAL 线性多项式控制的状态方程式如式（3-3）、式（3-4）所示。

$$P_1 = C_0 + C_1\mu + C_2\mu^2 + C_3\mu^3 + (C_4 + C_5\mu + C_6\mu^2)E_1 \tag{3-3}$$

$$\mu = \frac{1}{V_1} - 1 \tag{3-4}$$

* EOS_LINEAR_POLYNOMIAL 关键字参数设置　　　　表 3-6

MID	C_0	C_1	C_3	C_4	C_5	C_6	E_0	V_0
5	1×10^5	0	0	0.4	0.4	0	2.53×10^5	1

其中，P_1 为气体压强；E_1 为内能；$C_0 = C_1 = C_2 = C_3 = C_6 = 0$；$C_4 = C_5 = \gamma - 1$；$\gamma$ 为气体绝热指数；V_1 为相对体积。

3.3.3　边界条件与柱约束的施加

1. ALE-Lagrange 流固耦合设置

添加上述的本构模型关键字以后，需要对整个模型再加入 ALE-Lagrange 流固相互作用的关键字 * CONSTRAINED_LAGRANGE_IN_SOILD，并对空气、炸药分别设定一个 part，对混凝土与钢管分别设定一个 part，再通过关键字 * CONSTRAINED_LAGRANGE_IN_SOILD，把两个 part 串联到一起以达到流固彼此耦合的作用，并建立了多物质单元关键字 * ALE_MULTI-MATERIAL_GROUP，用以确定气体和炸药的 part 组。

2. 无反射边界条件

在添加空气关键字之后，由于真实情况中空气是无限域，而数值模拟中空气模型为有限域，需要用有限域空气模型来模拟出无限域的空气，所以需要添加关键字 * BOUNDARY_NON_REFLECTING 来定义空气无反射边界条件，具体节点组选择如图 3-7 所示。

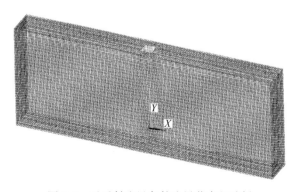

图 3-7　无反射边界条件边界节点组选择

3. 施加约束

由于试验中的柱底和柱顶两端分别固定在支架上，其中柱底刚性连接，柱顶铰连接。因此，在数值模拟中柱两端分别施加约束边界条件，其中一端固接，另一端铰接，具体模型示意图如图 3-8 所示。

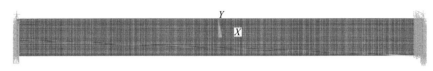

图 3-8　柱两端约束施加模型示意图

4. 设定计算步长和 K 文件输出

在选择好以上各参数之后，就需要对本仿真的总体求解方法以及求解的时间步长作若干选择，其中关键字 * CONTROL_TERMINATION 为控制求解方法，本仿真的总体求解时间大约为 0.15s；关键字 * CONTROL_TIMESTEP 是指控制求解时间阶距，本模拟的求解时间阶距为 0.67s。至此所有前处理关键字参数设置完毕，输出 K 文件，放入 LS-DYNA 求解器中进行求解。

3.4　模拟结果分析

3.4.1　有限元模拟结果分析

根据上述建立的有限元分析模型，对输出的 K 文件进行求解，模拟得出 RC 柱在近爆下的破坏模式。如图 3-9 所示给出了 150ms 内不同时间段 RC 柱的破坏形式。由图可知，在爆炸后 150ms 时，RC 柱跨中受拉区混凝土已完全破碎，造成断裂损伤。

通过观察 RC 柱不同时间段破坏形式图可以看出，在起爆后 10ms 时，爆炸产生的冲击波作用在 RC 柱迎爆面上，迎爆面受压破坏，产生变形，支座两端由于剪切作用产生竖向裂缝；起爆后 10～100ms，迎爆面受压区破坏面积增大，背爆面受拉产生混凝土剥落、碎裂，碎裂深度随起爆后时间的增加而增大，最终达到峰值；此后 RC 柱由于冲击波作用开始发生回弹，跨中位移也从峰值逐渐减小；当起爆后 150ms 时，跨中位移趋于稳定。图 3-10 为 RC 柱跨中位移曲线图，由图可知 RC 柱两端支座固接处剪切破坏较为严重，混凝土表面裂纹产生较多，铰接处裂纹较少。

3.4.2　试验结果对比有限元模拟结果分析

图 3-11 是将爆破试验 RC 柱与数值模拟 RC 柱破坏形态比较，图 3-12 是将爆破试验 RC 柱与数值模拟 RC 柱跨中挠度曲线比较。对照上一节采用有限元仿真方法所显示的 RC 柱破坏形态和跨中位移曲线可以发现，使用 ANSYS/LS-

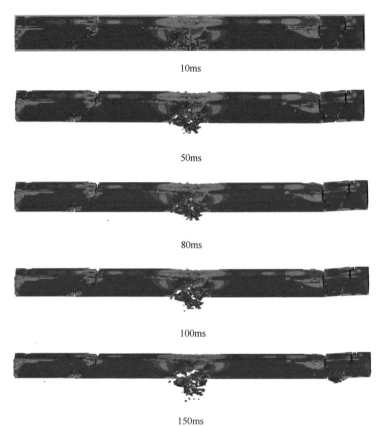

10ms

50ms

80ms

100ms

150ms

图 3-9 RC 柱不同时间段破坏形式

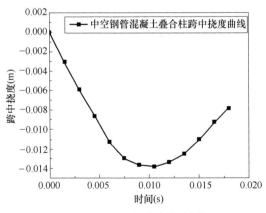

图 3-10 RC 柱跨中挠度图

DYNA 方法进行的有限元模拟的理论结果与实验结果在损伤形态和跨中位移上完全一致；在图中还可发现在爆破荷载作用下试验结构的柱中位移变化，平均值为 0.0125m，而数值模拟的实验结果则为 0.0137m，其偏差为 0.96%，由此可见此数值模拟的混凝土破坏形态参数近似实验中构件的破坏系数，说明此数值模拟方法可以有效地模拟混凝土在爆炸荷载作用下的破坏形式及动态响应，并且相关本构模型与关键字均可应用在本文中空钢管混凝土叠合柱有限元模型之中（表 3-7）。

两组数据对比   表 3-7

工况	爆炸后跨中挠度(m)	误差
爆炸试验	0.0125	9.6%
有限元模拟	0.0137	

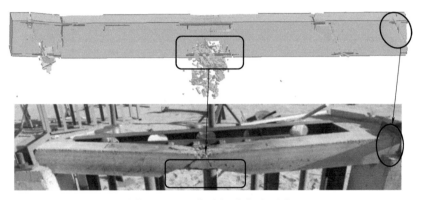

图 3-11   RC 柱破坏形式对比图

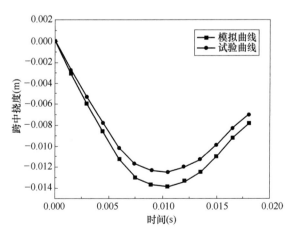

图 3-12   RC 柱跨中挠度对比图

3.5　本章小结

本章针对文献中爆炸试验进行了有限元模拟对比验证，通过添加不同本构模型的不同关键字、基于 ANSYS/LS-DYNA 有限元软件建立 RC 柱的模型、添加爆炸环境下的边界条件来模拟还原试验中的真实爆炸场景；通过对比试验与模拟后 RC 柱的破坏形式、跨中挠度曲线等结果分析，来验证有限元仿真的流程准确性与下一章中空钢管混凝土叠合柱的本构模型选取的正确性。

4

中空钢管混凝土叠合柱抗爆性能研究

4.1 引言

在爆炸荷载作用下，建筑物的倒塌与破坏主要是由于爆炸冲击波对构件的梁、柱等受力结构产生破坏所引起的，因此新型结构中空钢管混凝土叠合柱的抗爆性能决定了整体建筑的抗爆能力。

通过上一章节对 ANSYS/LS-DYNA 的有限元模拟验证分析的正确性，本章节同样运用相同有限元模拟方法，对中空钢管混凝土叠合柱进行抗爆分析，其中主要通过改变混凝土强度等级、改变爆炸荷载大小、改变钢管厚度、轴压比等参数，来进行对照分析，得出抗爆影响因素，以提高中空钢管混凝土叠合柱的抗爆性。

4.2 试件设计与模型破坏形态分析

4.2.1 试件设计

针对本文研究的中空钢管混凝土叠合柱模型进行爆炸动态响应分析。试件高度为 1700mm，横截面边长为 150mm，钢管截面直径为 100mm，钢管厚度 1mm，纵筋选取 4ϕ12，箍筋选取 ϕ6@180，间距为 180mm，混凝土强度等级选用 C30，钢管采用 Q235 号钢材，炸药距离构件的比例距离为 400mm，炸药分别为 85mm×85mm×85mm。本章所有模拟具体工况数据见表 4-1，具体模型图如图 4-1、图 4-2 所示。

钢管、混凝土、空气及炸药均采用 Solid164 三维实体单元，而钢筋则采用 Beam161 线单元，其空气域尺寸大小为 1700mm×200mm×800mm，通过增加无反射边界条件来定义无限空气域，求解时间为 150ms。

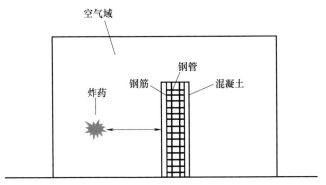

图 4-1　中空钢管混凝土叠合柱模型示意图

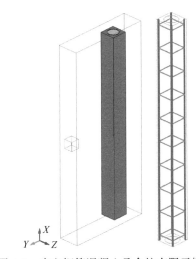

图 4-2　中空钢管混凝土叠合柱有限元模型

爆炸荷载作用下中空钢管混凝土叠合柱工况　　　　表 4-1

工况	柱长(m)	λ	钢管厚度(m)	钢管直径(m)	混凝土强度	炸药量(kg)
1	1.7	29	0.005	0.1	C30	1
2	1	17.2	0.005	0.1	C30	1
3	2.24	38.52	0.005	0.1	C30	1
4	1.7	29	0.008	0.1	C30	1
5	1.7	29	0.01	0.1	C30	1
6	1.7	29	0.005	0.08	C30	1
7	1.7	29	0.005	0.12	C30	1
8	1.7	29	0.005	0.1	C40	1
9	1.7	29	0.005	0.1	C50	1
10	1.7	29	0.005	0.1	C30	1.63
11	1.7	29	0.005	0.1	C30	3

本模型所使用的本构模型为上一章试验验证所用的混凝土及钢筋本构模型。钢管为钢材，选用3号材料模型 * MAT_PLASTIC_KIN-EMATIC 来定义钢管本构关系。计算中采用Q235号钢材，具体本构参数见表4-2～表4-7。

* MAT_PLASTIC_KIN-EMATIC 纵筋关键字　　　表 4-2

MID	$RO(\text{kg/m}^3)$	$E(\text{Pa})$	PR	$SIGY(\text{Pa})$	$ETAN(\text{Pa})$	β	C	P	FS	VP
1	7800	2×10^{11}	0.3	4×10^{8}	2×10^{9}	0	0	0	0	0

* MAT_PLASTIC_KIN-EMATIC 箍筋关键字　　　表 4-3

MID	$RO(\text{kg/m}^3)$	$E(\text{Pa})$	PR	$SIGY(\text{Pa})$	$ETAN(\text{Pa})$	β	C	P	FS	VP
2	7800	2×10^{11}	0.3	5.54×10^{8}	2×10^{9}	0	0	0	0	0

* MAT_PLASTIC_KIN-EMATIC 钢管关键字　　　表 4-4

MID	$RO(\text{kg/m}^3)$	$E(\text{Pa})$	PR	$SIGY(\text{Pa})$	$ETAN(\text{Pa})$	β	C	P	FS	VP
3	7850	2.08×10^{11}	0.3	5.8×10^{8}	2×10^{9}	0	0	0	0	0

* MAT_CONCRETE_DAMAGE_REL3 混凝土关键字　　　表 4-5

MID	$RO(\text{kg/m}^3)$	PR	$A_0(\text{Pa})$	$RSIZE$	$UCF(\text{Pa})$
4	2440	0.19	3.1×10^{7}	39.36	1.45×10^{7}

* MAT_HIGH_EXPLOSIVE_BURN 炸药关键字　　　表 4-6

MID	$RO(\text{kg/m}^3)$	$D(\text{m/s})$	$PCJ(\text{Pa})$	$BETA$	$K(\text{Pa})$	$G(\text{Pa})$	$SIGY(\text{Pa})$
5	1630	6930	2.1×10^{7}	0	0	0	0

* MAT_NULL 空气关键字　　　表 4-7

MID	$RO(\text{kg/m}^3)$	PC	MU	$TEROD$	$CEROD$	YM	PR
6	1.22	0	0	0	0	0	0

圆钢管与混凝土之间通过关键字 * CONTACT_AUTOMATIC_NODES_SURFACE 来定义接触，为点面接触。爆炸产生的冲击波与中空钢管混凝土叠合柱之间相互作用通过关键字 * CONSTRAINED_LAGRANGE_IN_SOLID 流固耦合的方法进行数值模拟。

当使用流固相互耦合算法进行仿真爆炸过程时，必须定义一个空间来涵盖各种构件和炸药，为减少空间边缘处爆炸冲击波的反射对仿真结果所产生的负面影响，可以通过对空间表面使用无反射边界状态模拟无限大的空气空间。无反射边界条件通过 ANSYS/LS-DYNA 选取空气域表面的节点，设置成一个 AIR 节点组，并施加无反射边界。

最后还需要在 K 文件中加入关键字 * MAT_ADD_EROSION 来定义混凝土损伤系数，通过调节 MNPRES 来控制其混凝土损伤。钢管的破坏需通过材料模型 * MAT_PLASTIC_KIN-EMATIC 中失效应变参数 *FS* 来控制。考虑到爆炸冲击波扩展的过程一般在 10ms 左右，故将第一阶段计算时间设置为 150ms，以便更好地观察爆炸后的中空钢管混凝土叠合柱的破坏形式。本章模型单位皆采用国际单位制 m-kg-s。

4.2.2 模拟构件破坏形式分析

爆炸模拟结果如图 4-3 所示，通过观察不同时段中空钢管混凝土叠合柱破坏形式可知（图 4-4～图 4-6），当炸药爆炸后，在空气中产生的冲击波作用到构件上，迎爆面中心混凝土受压破坏，钢管外包钢筋出现失效应力，出现碾碎损伤；由于冲击波的持续影响，混凝土中空钢管出现塑性变形；由于钢筋损伤程度变化大，柱内钢管外包钢筋出现大幅度弯曲，跨中竖向位移逐步增加，混凝土中钢筋笼出现扭曲变形；由于爆炸冲击波不断传播，当进入背爆面时，产生反弹效果，背爆面钢筋被拉损伤；随着爆炸的冲击波传播至背爆面，0.004s时，混凝土中钢筋笼开始回弹，同时柱中跨中位移开始回弹，并开始出现振荡状态，最终经过 0.01s 后，跨中位移趋于一个稳定值，具体跨中位移曲线如图 4-7 所示。

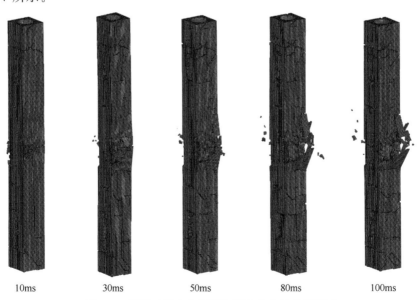

| 10ms | 30ms | 50ms | 80ms | 100ms |

图 4-3 不同时刻中空钢管混凝土叠合柱破坏形式

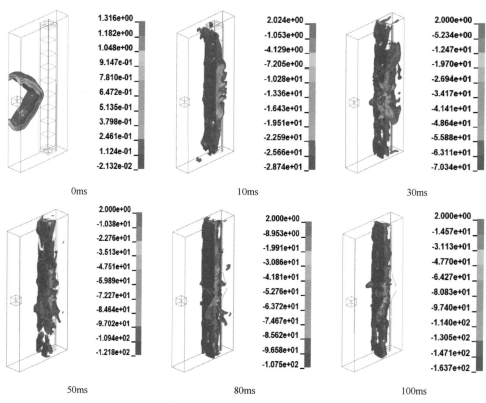

图 4-4 不同时刻中空钢管混凝土叠合柱塑性应变

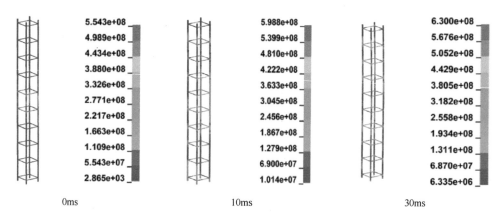

图 4-5 不同时刻中空钢管混凝土叠合柱钢筋应力分布（一）

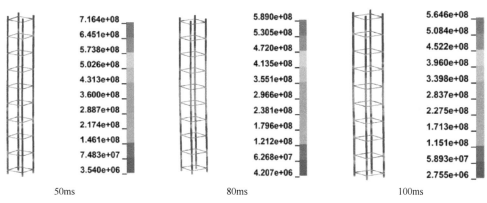

图 4-5　不同时刻中空钢管混凝土叠合柱钢筋应力分布（二）

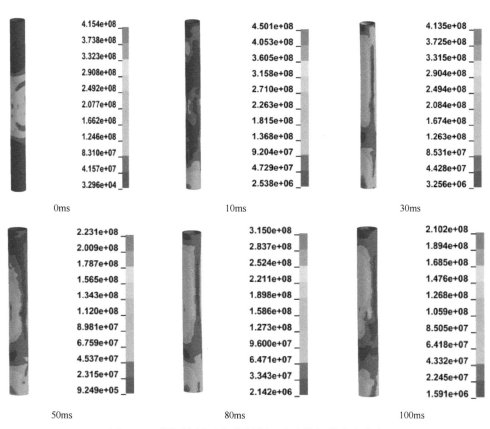

图 4-6　不同时刻中空钢管混凝土叠合柱钢管应力分布

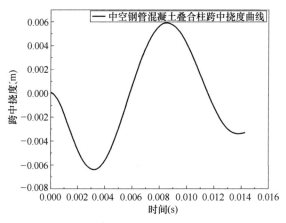

图 4-7　不同时刻中空钢管混凝土叠合柱跨中位移曲线

4.3　长细比对试件抗爆性能的影响

4.3.1　构件设计

中空钢管混凝土叠合柱的长细比通常是指其长度与直径之比，是影响叠合柱受力性能的重要参数。在设计中，需要根据具体工程的要求和受力情况来确定叠合柱的长细比。

在一般情况下，中空钢管混凝土叠合柱的长细比应该控制在 20 以下。当长细比过大时，叠合柱的弯曲性能和抗震性能都会受到影响，容易发生屈曲破坏，甚至产生塑性铰。同时，长细比过大还会导致钢管受到的轴向压力过大，从而降低了钢管的承载能力。长细比公式：

$$\lambda = \mu L / i \qquad (4\text{-}1)$$

式中的 μ 为长度因数，本节的构件模型为一端固结一端铰接，此时 $\mu = 0.7$。

以中空钢管混凝土叠合柱短轴为 y 轴方向，长轴为 x 轴方向，将中空钢管混凝土叠合柱两个方向轴长代入公式（4-2）：

$$i = \sqrt{I/A} \qquad (4\text{-}2)$$

$$i_x = \sqrt{I_x/A} = \sqrt{0.00003728/0.0224215} = 0.0407\text{m} \qquad (4\text{-}3)$$

惯性矩：

$$I_x = \frac{bh^3}{12} - \frac{\pi d^4}{64} = 0.00003728\text{m}^4 \qquad (4\text{-}4)$$

因此，在实际设计中，需要综合考虑叠合柱的受力情况、工程要求和材料性能等因素，合理确定其长细比，以确保叠合柱具有较好的力学性能和抗震性能。

本节采用控制变量法进行模拟，即只改变构件长细比，其他参数不作变动，其中本构模型材料均采用上一章所使用的模型。依据现行行业标准《组合结构设计规范》JGJ 138 中常用圆截面钢管混凝土设计，矩形截面长细比不大于 50，其中长细比公式参考式（4-1），具体不同长细比下工况参考表 4-8。

不同长细比下工况说明　　　　　　　　　　　　　　　表 4-8

工况	柱长（m）	λ
1	1.7	29
2	1	17.2
3	2.24	38.52

4.3.2　模拟结果分析

为研究不同长细比下中空钢管混凝土叠合柱的抗爆性能，对比图 4-8、图 4-9 不同长细比下中空钢管混凝土叠合柱的破坏形式云图与跨中位移曲线图。通过观察图 4-8 可知，中空钢管混凝土叠合柱在受到爆炸荷载作用下，其破坏形式会随着长细比的变化而发生变化；图中三种工况均在爆炸后发生整体性的破坏，即柱的底部出现冲击波荷载所引起的弯曲和剪切破坏，同时柱体中部也发生弯曲破坏；在柱体的破坏过程中，混凝土主要以剪切、压碎和冲击破坏为主，钢筋及钢管则主要发生弯曲和剪切破坏；其中长细比最大的工况 3 则出现了不同的破坏形式，即表面混凝土产生裂缝扩展，同时构件主体破坏程度相较于前两种工况也更加明显一些，影响构件的整体稳定性，即表现为失稳状态。

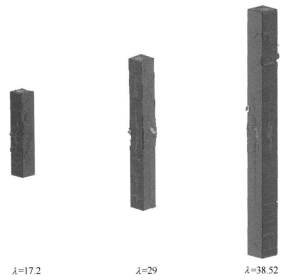

$\lambda=17.2$　　　　　　$\lambda=29$　　　　　　$\lambda=38.52$

图 4-8　不同长细比下中空钢管混凝土叠合柱的破坏形式

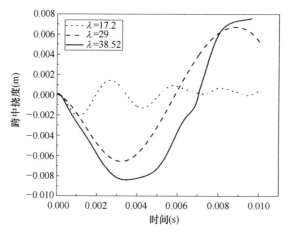

图 4-9　不同长细比下中空钢管混凝土叠合柱的跨中位移曲线

在图 4-9 中，同时观察三组工况下的跨中挠度曲线对比图，可以看出工况 2 的柱跨中挠度最小，为 2.03mm；而工况 1、3 两组柱跨中挠度则相差不大，分别为 6mm 和 8.21mm。

总的来说，不同长细比下钢筋混凝土柱的爆炸破坏形式具有一定的差异，但都表现出柱体的弯曲和剪切破坏；长细比较小的柱容易产生整体性破坏，而长细比较大的柱则容易出现失稳现象，中等长细比的柱则介于两者之间。

4.4　钢管厚度对试件抗爆性能的影响

4.4.1　构件设计

在中空钢管混凝土叠合柱中，钢管承担了力的主要作用，而混凝土填充则增加了结构的刚度和强度，提高了整个结构的抗震和抗爆性能。其中，钢管厚度是影响中空钢管混凝土叠合柱抗爆性能的一个重要因素。一般来说，钢管厚度越大，中空钢管混凝土叠合柱在受到爆炸等外部冲击时的抵抗能力越强，因为厚度增加会增强钢管的承载能力和抗弯强度。此外，厚壁钢管在进行爆炸试验时通常会出现较为明显的变形和塑性变形，这可以吸收和消散部分冲击能量，进一步提高结构的抗爆性能。

然而，过厚的钢管壁也可能会对结构的抗爆性能产生负面影响。一方面，钢管的壁厚增加会增加钢管的重量，从而增加结构的自重，可能会导致整个结构的刚度和强度下降；另一方面，过于厚的钢管壁厚度还会导致结构的施工难度增加，增加结构的制造成本和施工难度。因此，在设计中空钢管混凝土叠合柱时，需要综合考虑钢管壁厚度、结构的稳定性、抗爆性能和制造成本等因素，找到最佳的设计方案。通常，厚度为 5～8mm 的钢管在中空钢管混凝土叠合柱中应用比较普遍，不同钢管厚度下工况参考表 4-9。

本节采用控制变量法进行模拟，即只改变钢管厚度，其他参数不作变动，其中本构模型材料均采用上一章所使用的模型。

不同钢管厚度下工况说明	表 4-9
工况	钢管厚度（m）
1	0.005
4	0.008
5	0.01

4.4.2 模拟结果分析

为研究不同钢管厚度下中空钢管混凝土叠合柱的抗爆性能，对表 4-9 三种工况进行爆炸模拟分析，其不同钢管厚度下中空钢管混凝土叠合柱的破坏形式云图与跨中位移曲线图如图 4-10、图 4-11 所示。通过观察图 4-10 可知，在爆炸荷载作用下，三种工况的外包混凝土由于爆炸冲击波的作用皆出现了挤压破坏；同时由于爆炸冲击波的反射作用，中空钢管混凝土叠合柱受到侧向荷载时，钢管的外壁可能会出现弯曲，导致叠合柱整体的破坏。通过观察破坏形式云图，发现工况 1 钢管外壁弯曲程度明显大于另外两种工况，整体稳定性较差。三组工况跨中位移大小分别为 4mm、4.55mm 以及 6mm。

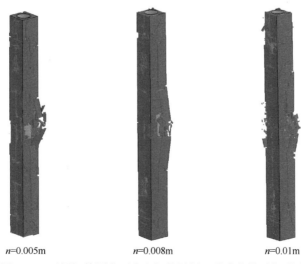

n=0.005m　　　　n=0.008m　　　　n=0.01m

图 4-10　不同钢管厚度下中空钢管混凝土叠合柱的破坏形式

总的来说，在厚度较小的钢管条件下，当中空钢管混凝土叠合柱受到侧向荷载时，钢管的外壁可能会出现弯曲，导致叠合柱整体的破坏；在厚度较大的钢管条件下，叠合柱受到荷载时，钢管可能会出现局部失稳现象，导致整体的破坏。

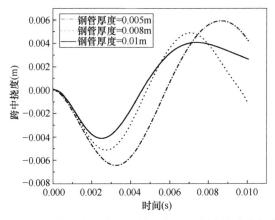

图 4-11　不同钢管厚度下中空钢管混凝土叠合柱的跨中位移曲线

4.5　钢管直径对试件抗爆性能的影响

4.5.1　构件设计

钢管直径是影响中空钢管混凝土叠合柱抗爆性能的重要因素之一。在爆炸荷载作用下，钢管直径的大小会影响叠合柱的承载能力和变形程度，从而影响其抗爆性能。

一般来说钢管直径越大，钢管内部可容纳的混凝土体积也就越大，从而在承受外力时能够提供更大的抗弯强度和抗剪强度。因此，钢管直径越大，中空钢管混凝土叠合柱在承受爆炸等外力时的抗力也就越大，结构的稳定性和安全性也就越高。然而，由于外包混凝土截面面积不变，钢管直径的增加会导致爆炸冲击波接触面积增大，使构件受到的爆炸荷载范围增大，同时会带来一些负面影响。首先，钢管直径越大，制造和安装的成本也就越高；其次，钢管直径越大，中空钢管混凝土叠合柱的自重也就越大，从而在某些情况下可能会影响结构的可行性和使用寿命。

因此，在设计中空钢管混凝土叠合柱时，需要综合考虑钢管直径、成本、结构的稳定性和安全性等多个因素，找到最佳的设计方案。根据以上参考条件，设计三组不同钢管直径的中空钢管混凝土叠合柱工况，均在相同爆炸环境下进行有限元模拟，并观察模拟对比结果进行分析，从而得出具体结论，不同钢管直径下工况参考表 4-10。

本节采用控制变量法进行模拟，即只改变钢管直径，其他参数不作变动，其中本构模型材料均采用上一章所使用的模型。

不同钢管直径下工况说明 表 4-10

工况	钢管直径（m）
1	0.1
6	0.08
7	0.12

4.5.2　模拟结果分析

为研究不同钢管直径下中空钢管混凝土叠合柱的抗爆性能，对表 4-10 三种工况进行爆炸模拟分析，其不同钢管直径下中空钢管混凝土叠合柱的破坏形式云图与跨中位移曲线图如图 4-12、图 4-13 所示。

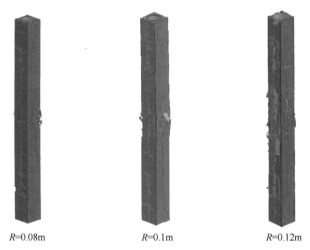

R=0.08m　　　　R=0.1m　　　　R=0.12m

图 4-12　不同钢管直径下中空钢管混凝土叠合柱的破坏形式

研究表明，在同一爆破情况下，钢管尺寸越大的工况 7 中的中空钢管混凝土叠合的结构损伤更为严重，即其迎爆面大面积受力损伤，而背爆面大面积受拉损伤，因此易于在爆区破裂，结构跨中位移相比于型钢尺寸较大的工况竖向位移偏大，结构回弹反应偏晚；而工况 6、工况 1 的中空钢管混凝土叠合柱结构由于受型钢的约束作用损伤程度比较低，外部钢筋损伤较小，结构的抗爆性大为增强。三个工况下的最大跨中位移分别为 3mm、6mm 和 7.8mm，具体变化趋势如图 4-13 所示。

一般而言，在混凝土断面体积不变的前提下，中空钢管混凝土叠合柱中钢管直径越大，结构与爆炸冲击波接触面面积越大，中空钢管混凝土叠合柱抗爆性能越弱，破坏形式更加明显。

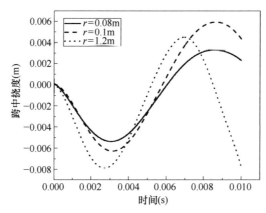

图 4-13　不同钢管直径下中空钢管混凝土叠合柱的跨中位移曲线

4.6　混凝土强度对试件抗爆性能的影响

4.6.1　构件设计

混凝土强度是中空钢管混凝土叠合柱抗爆性能的重要因素之一。一般来说，混凝土强度越高，中空钢管混凝土叠合柱的抗爆性能就越好。这是因为高强度混凝土的刚度和强度都比低强度混凝土更高，能够更好地抵抗外部荷载的作用。具体来说，混凝土强度对 HSCCF 抗爆性能的影响可以从以下两个方面来考虑：

（1）抗弯能力：中空钢管混凝土叠合柱的抗弯能力是其抗爆性能的重要指标之一。研究表明，当混凝土强度增加时，中空钢管混凝土叠合柱的抗弯能力也会随之增加。这是因为高强度混凝土具有更高的弯曲刚度和抗弯强度，能够更好地承受外部荷载的作用。

（2）抗压能力：中空钢管混凝土叠合柱的抗压能力也是其抗爆性能的重要指标之一。研究表明，当混凝土强度增加时，中空钢管混凝土叠合柱的抗压能力也会随之增加。这是因为高强度混凝土具有更高的抗压强度，能够更好地抵抗外部荷载的作用。

所以在设计中空钢管混凝土叠合柱时，需要综合考虑混凝土的强度和其他因素，来确定最佳的设计参数，以实现最佳的抗爆性能。同时，还必须开展全面的实验调查和数值模拟分析，以证明新设计方案的可行性和优越性。根据以上参考条件，设计三组不同混凝土强度的中空钢管混凝土叠合柱工况，均在相同爆炸环境下进行有限元模拟，并观察模拟对比结果进行结果分析，从而得出具体结论，不同混凝土强度下工况参考表 4-11。

不同混凝土强度下工况说明　　　　　　　　　　表 4-11

工况	混凝土强度	混凝土抗压强度值（MPA）
1	C30	30
8	C40	40
9	C50	50

4.6.2　模拟结果分析

为研究不同混凝土强度下中空钢管混凝土叠合柱的抗爆性能，对表 4-11 三种工况进行爆炸模拟分析，其不同混凝土强度下中空钢管混凝土叠合柱的破坏形式云图与跨中位移曲线图如图 4-14、图 4-15 所示。

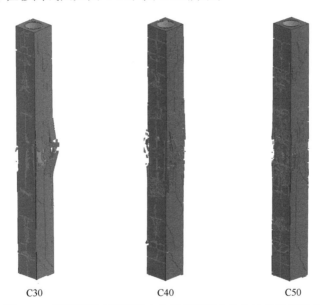

C30　　　　　　　　　C40　　　　　　　　　C50

图 4-14　不同混凝土强度下中空钢管混凝土叠合柱的破坏形式

由图 4-14 可知，同时观察三种工况下的破坏形式可以看出，工况 1 相较于其他另外两种工况破坏形式较为明显，混凝土表面产生的裂缝也更加多。由此可知，中空钢管混凝土叠合柱中混凝土强度等级越高，其自身抗爆性能越强。由图 4-15 可知，混凝土强度等级与构件跨中位移成反比趋势，即混凝土强度等级越高，构件跨中位移越小，且位移曲线回弹更快；其中混凝土等级为 C30 的构件跨中位移为 7.8mm，混凝土等级为 C40 的构件跨中位移为 6.7mm，混凝土等级为 C50 的构件跨中位移为 6mm。

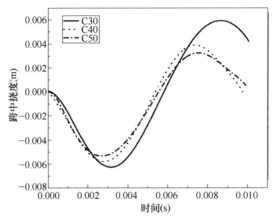

图 4-15 不同混凝土强度下中空钢管混凝土叠合柱的跨中位移曲线

总的来说，混凝土强度越高，中空钢管混凝土叠合柱的抗爆性能越好。这是因为混凝土强度的提高可以提高中空钢管混凝土叠合柱的整体刚度和强度，使其更能抗挤压和抗弯曲。此外，高强度混凝土的破坏模式更体现出韧性，能够有效地吸收和分散荷载，从而提高中空钢管混凝土叠合柱的抗爆性能。然而，混凝土强度对中空钢管混凝土叠合柱抗爆性能的影响并不是线性的。在高强混凝土下，由于其本身较脆，当混凝土强度达到一定程度后，继续提高混凝土强度对中空钢管混凝土叠合柱的抗爆性能的提高作用将会变弱，反而可能会降低其抗爆性能。

4.7 爆炸荷载对试件抗爆性能的影响

4.7.1 构件设计

爆炸荷载对中空钢管混凝土叠合柱抗爆性能的影响取决于各种因素，如爆炸荷载的大小和强度、炸药量大小、爆炸比例距离以及柱的几何结构。

一般而言，爆炸荷载大小和强度的增加将导致中空钢管混凝土叠合柱的损伤和变形程度更高，所以评价中空钢管混凝土叠合柱抗爆性能的一种方法是通过试验测试。研究人员可以让这些柱子承受受控的爆炸荷载，并根据位移、应变和其他参数测量它们的响应。然后，这些数据可用于开发防爆结构中复合柱的预测模型和设计指南。本小节有限元模拟仅针对不同炸药量下产生的不同爆炸荷载对中空钢管混凝土叠合柱抗爆性能的影响分析。根据以上参考条件，设计三组不同炸药尺寸的中空钢管混凝土叠合柱工况，均在相同爆炸环境下进行有限元模拟，并观察模拟对比结果进行分析，从而得出具体结论，不同爆炸荷载下工况参考表4-12。

不同炸药尺寸下工况说明　　　　　　　　　　　　　表 4-12

工况	炸药尺寸(cm)	炸药量(kg)
1	8.5×8.5×8.5	1
10	10×10×10	1.63
11	12.2×12.2×12.2	3

4.7.2　模拟结果分析

　　为研究不同爆炸荷载下中空钢管混凝土叠合柱的抗爆性能，对表 4-12 三种工况进行爆炸模拟分析，其不同爆炸荷载下中空钢管混凝土叠合柱的破坏形式云图与跨中位移曲线图如图 4-16、图 4-17 所示。

　　当构件受到爆炸冲击波作用后产生破坏，钢筋在受到冲击波作用下产生弯曲变形，混凝土跨中位移逐渐增大；当冲击波达到最大值之后，由于柱两端受到约束，冲击波到达两端后作用减小，整体构件开始回弹，跨中位移开始减小，随后始终处于一个振荡的状态，位移曲线波动越来越小，最终到达一个固定值，具体见图 4-17。其中工况 1 和工况 10 中的中空钢管混凝土叠合柱背爆面中心位移最大值分别为 6mm、25mm。如图 4-16 所示，随着炸药尺寸的增大，钢筋弯曲程度明显，同时回弹趋势也明显；工况 11 中混凝土的破坏程度较另外两种工况混凝土破坏程度更加明显，且柱中位移也更大。

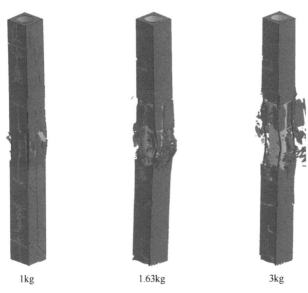

　　　1kg　　　　　　　　　　1.63kg　　　　　　　　　　3kg

图 4-16　不同爆炸荷载下中空钢管混凝土叠合柱的破坏形式

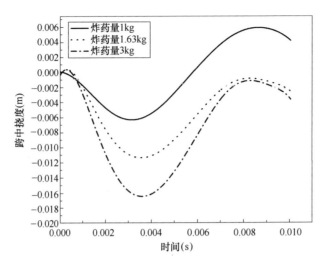

图 4-17　不同爆炸荷载下中空钢管混凝土叠合柱的跨中位移曲线

总的来说，爆炸荷载的大小主要还是取决于爆炸物的大小以及爆炸产生的冲击波大小。因此在设计抗爆结构时，考虑爆炸荷载对中空钢管混凝土叠合柱的抗爆性能的影响非常重要，因为这些构件的失效可能会对居住者的安全和建筑物的完整性产生严重后果，所以对中空钢管混凝土叠合柱结构需要设计得更加稳定，才能抵御更加强大的爆炸及冲击荷载。

4.8　本章小结

（1）本章通过对爆炸荷载作用下中空钢管混凝土叠合柱进行数值模拟分析得出，在近距离爆炸下，中空钢管混凝土叠合柱爆炸分为四个阶段：首先当爆炸开始时，爆炸冲击波作用到迎爆面上，迎爆面受压发生破坏，混凝土内部钢筋发生弯曲变形，纵筋竖直弯曲，箍筋向两侧扩张，内部钢管产生挠度，随后爆炸冲击波继续传递，到达背爆面，背爆面受拉发生破坏，跨中位移达到最大值为 6mm；接着爆炸冲击波到达构件两端，由于柱两端约束作用，爆炸冲击波逐渐开始减小，致使构件整体开始回弹；最后构件整体上下振动直至稳定且跨中位移到达一个固定值。

（2）中空钢管混凝土叠合柱相较于钢筋混凝土柱具有更加良好的抗爆性能，由于内置的中空钢管的原因可以使整体构件破坏程度减小、构件的位移变形减小，提高混凝土强度等级可以降低构件跨中位移，使构件更快进入回弹阶段，最终恢复稳定，从而改善整体结构的抗爆性能。

（3）本章分析了影响中空钢管混凝土叠合柱的抗爆性能的影响因素，主要有构件长细比、钢管直径、钢管厚度、混凝土强度及爆炸荷载等。其中长细比越大，结构面对爆炸荷载时越容易破坏；钢管直径越大，爆炸冲击波作用在结构上的接触面积越大，结构破坏越明显；钢管厚度越大，钢管稳定性越强，但过厚的钢管容易发生失稳情况；混凝土强度越高，抗压强度越高，结构的抗爆性能越强；炸药尺寸越大，爆炸荷载越大，结构的破坏也越明显。

中空钢管混凝土叠合柱剩余承载能力分析

5.1 概述

中空钢管混凝土叠合柱是一种广泛使用的结构形式，其具有较高的抗弯、抗剪性能和承载能力。但是，在爆炸荷载作用下，中空钢管混凝土叠合柱的承载能力可能会受到影响，因此需要进行剩余承载能力分析。

剩余承载能力分析可以通过有限元分析和实验测试进行。有限元分析可以用来模拟爆炸荷载作用下中空钢管混凝土叠合柱的响应，并计算其剩余承载能力。实验测试可以用来验证有限元分析的结果，并提供更为准确的数据。

实验测试通常需要进行大量的样品制备和测试，包括材料力学性能测试、柱体制备和爆炸荷载测试等。通过试验分析可以得出中空钢管混凝土叠合柱在爆炸压力影响下的破坏状态与承载能力，可与有限元分析的成果加以对比，检验分析的正确性。由于爆炸实验条件有限，因此本文采取有限元模拟的方法进行爆炸荷载下中空钢管混凝土叠合柱的剩余承载能力进行分析。

5.2 模型建立及有限元模拟

5.2.1 研究内容

本章以上一章爆炸模拟为基础，对 3 根中空钢管混凝土叠合柱爆炸荷载作用后进行剩余承载能力有限元模拟分析。通过对爆炸后中空钢管混凝土叠合柱施加竖向位移，来得到柱子的剩余承载力，观察并根据剩余承载力曲线分析柱子爆炸后的力学性能变化，最后对中空钢管混凝土叠合柱进行损伤程度评估。

5.2.2　构件设计

为进行爆炸荷载后中空钢管混凝土叠合柱的剩余承载力分析，现需要将上一章工况 1 中建立的模型进行一些修改，并进行后处理分析。

首先，考虑到第二阶段是对中空钢管混凝土叠合柱进行承载力分析，所以需要将原模型中多余的空气与炸药部分的模型进行删除，并将之前设置的无反射边界条件也一并删除。

其次，由于第二阶段不再涉及炸药和空气的爆炸模拟，所以还需要将原模型中的 ALE-LAGRANGE 流固耦合关键字删除，同时第二阶段对研究的加载速率进行设置，本模型设置结束时间为 200ms。

最后，为了获取第二阶段中空钢管混凝土叠合柱的剩余承载力曲线，需要增添两组关键字 ∗ DATABASE ＿ NODFOR、∗ DATABASE ＿ NODAL ＿ FORCE ＿ GROUP 用于输出节点组的力。具体模型图如图 5-1 所示，具体工况见表 5-1。

图 5-1　第二阶段中空钢管混凝土叠合柱模型

中空钢管混凝土叠合柱剩余承载力模拟工况　　　　　　　　　　表 5-1

工况	柱长（m）	λ	钢管厚度（m）	钢管直径（m）	混凝土强度
1	1.7	29	0.005	0.1	C30
4	1.7	29	0.008	0.1	C30
5	1.7	29	0.01	0.1	C30

5.2.3　有限元模拟

通过有限元后处理软件对模型进行有限元分析，观察不同时间段中空钢管混凝土叠合柱的破坏形式（图 5-2），在移除炸药后，混凝土柱跨中挠度随着时间的增长而不断改变，中空钢管混凝土叠合柱呈不断振荡的状态，且振荡幅度随时间的增大而减小，最终无限趋近于稳定，但由于柱子顶部施加竖向位移的缘故，在一定时间后，中空钢管混凝土叠合柱开始产生轴向弯曲的变化形式，不同工况下的柱子轴向弯曲也有所不同。中空钢管混凝土叠合柱破坏形式图与跨中挠度图如图 5-2、图 5-3 所示。

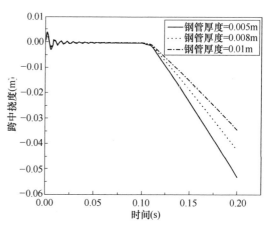

图 5-2　爆炸作用后中空钢管混凝土
叠合柱的轴向弯曲形式图

图 5-3　不同钢管厚度中空钢管混凝土
叠合柱跨中挠度

5.3　损伤评估

为了针对爆损的变化作出损伤评估，依据现行国家标准[59] 计算试件初始承载力 N_0，由于中空钢管混凝土叠合柱是组合结构，在计算柱子承载力大小时，需要将钢管与钢筋混凝土柱分开计算承载力，再叠加在一起，依据现行团体标准《钢管混凝土叠合柱结构技术规程》T/CECS 188 和现行国家标准《混凝土结构设计规范》GB/T 50010 计算钢管部分轴力 N_s 表达式见式（5-1），钢筋混凝土柱部分的轴力 N_{rc} 表达式见式（5-2），叠合长柱的轴压承载力 N_{uc} 见式（5-3）。根据长柱轴压对垂直变形的失稳破坏的稳定性系数，以及修正承载力估计轴压长柱的稳定性系数 φ[60]，见表 5-2。

$$N_s = f_s \cdot A_s \tag{5-1}$$

$$N_{rc} = f_{cu} A_c + \sum f_{yz} A_a \tag{5-2}$$

$$N_{uc} = \varphi (N_s + N_{rc}) \tag{5-3}$$

不同长度构件稳定系数取值　　　　　　　　　　　　　表 5-2

L（mm）	φ
1200	1.000
1500	0.993
1600	0.987
1800	0.973

图 5-4 为三组工况下的柱子剩余承载力的时程曲线对比图，表 5-3 为三组工况下初始承载力与剩余承载力的详细数据，通过观察表 5-3 可以看出工况 1 的初始承载力为 1222.2kN，在爆炸 0.2s 后的剩余承载力为 1056kN，初始承载力相较于剩余承载力损失约为 13.6%；工况 4 的初始承载力为 1399.4kN，在爆炸 0.2s 后的剩余承载力为 1267.2kN，初始承载力相较于剩余承载力损失约为 9.45%；工况 5 的初始承载力为 1526.34kN，在爆炸 0.2s 后的剩余承载力为 1425.6kN，初始承载力相较于剩余承载力损失约为 6.6%。对比以上数据可以看出随着钢管厚度的增加，中空钢管混凝土叠合柱的剩余承载力也随着增大，对比初始承载力所损失的承载力百分比也有所减小，结构的抗爆性能越为优秀。

为了评估爆损试件的损伤程度，根据文献［61］定义的损伤指数（D）进行计算：

$$D = 1 - P_{\text{Residual}} / P_{\text{Intact}} \qquad (5\text{-}4)$$

图 5-5 提供了不同试件的初始承载力、剩余承载力，以及相应的损伤指数。使用参考文献［61］，来界定构件的破坏程度：当 $0 < D \leqslant 0.2$ 时，为轻度损伤；当 $0.2 < D \leqslant 0.5$ 时，为中度损坏；当 $0.5 < D \leqslant 0.8$ 时，为重度损坏；当 $0.8 < D \leqslant$ 温度系数时，为完全倒塌。通过表 5-3 可知，三组工况损伤指数 D 均小于 0.2，为轻度破坏。

三组工况下初始承载力与剩余承载力数值　　　　表 5-3

工况	初始承载力(kN)	剩余承载力(kN)	损伤指数
1	1222.2	1056	0.136
4	1399.4	1267.2	0.0945
5	1526.34	1425.6	0.066

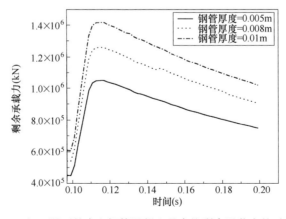

图 5-4　三组工况下的中空钢管混凝土叠合柱剩余承载力的时程曲线

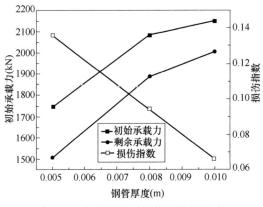

图 5-5　钢管厚度对损伤指数的影响

5.4　本章小结

本章对爆炸荷载作用后的中空钢管混凝土叠合柱进行了剩余承载能力的分析，具体列举了不同钢管厚度的三种工况下各自爆炸后柱子的剩余承载力的大小，以及与其初始承载力的对比分析，根据计算得出的损伤指数，来进行中空钢管混凝土叠合柱的剩余承载力的具体分析。

（1）中空钢管混凝土叠合柱作为新型组合结构的构造柱，通过有限元数值模拟发现，在爆炸荷载作用后，结构仍然具有较强的剩余承载力去抵御高强度的载荷，说明其构件抗爆性能优越。

（2）钢材厚度对试件抗爆特性和残余强度的影响显著。当钢材厚度增大时，就能够明显提高试件的抗爆特性和其剩余承载能力。

（3）三组工况对比承载力损失范围为 6.6%～13.6%，表明试件在遭受爆炸荷载后仍具有较强的承载力储备。根据损伤评估，得出试件的损伤指数范围为 0.06～0.15。

6

冲击荷载作用下中空钢管混凝土叠合柱数值分析模型

　　本书主要研究中空钢管混凝土叠合柱在常温下受荷载作用的动态力学性能。由于冲击荷载具有瞬时性，从发生到结束往往就在几十毫秒之间，大部分研究都是采用试验与有限元分析相结合的方式。LS-DYNA 软件经过几十年的不断发展，被改进为可实现全面的非线性分析程序，包括几何非线性、材料非线性和接触非线性等分析，能够很好地计算出冲击问题各时间步的动态响应。本章利用该软件建立了叠合构件、冲头等的有数值分析模型。已经有学者对钢管混凝土叠合构件在冲击荷载作用下的力学性能进行了试验研究，但仍须进行完善补充，所以本书采用巫俊杰[107] 所得出的试验结果进行有限元分析，对本书所采用的建模方式、本构关系等进行验证，从而确保有限元模型的准确性和可靠性。

6.1　有限元软件简介

　　ANSYS/LS-DYNA 具有强大的显式分析和隐式分析功能，可以进行几何和材料等非线性分析计算，提供了强大算法功能。近几年经过软件自身的不断更新，世界各国学者的不断应用，通过试验数据和数值分析计算结果的比对，验证了该软件进行数值模拟精度的可靠性和精确性，在工程领域以及爆炸和冲击领域得到了广泛应用。总之，ANSYS/LS-DYNA 是一个功能齐全、精确性高、可以满足各种复杂工况分析需要的显式动力分析软件，具有丰富的单元库、材料模型和接触分析功能，被广泛应用于工程领域的各种仿真分析和研究，特别是在汽车、航空、军事、船舶等领域，已成为广泛采用的工具和标准。

　　ANSYS 软件由三个模块构成：前处理模块、分析模块、后处理模块。前处理模块主要包括实体建模、网格划分、荷载约束的施加。其分析模块非常强大，可以对目标实施结构静力学、结构动力学、刚体动力学、热力场、电磁场、流体力学等分析。LS-DYNA 可以模拟各种实际情况中的物质和接触问题，同时具有强大的后处理功能，方便用户对计算结果进行分析和可视化。LS-DYNA 还采用分布式内存机制，支持并行计算，能够利用大规模计算能力，实现高效的计算和提高计算效率。因此，在工程领域广泛应用于各种仿真分析和研究，特别是在汽车、航空、军事、船舶等领域，已成为广泛采用的工具和标准。

LS-DYNA 中提供的有限元分析的计算方法共有三种：拉格朗日法、欧拉法和 ALE（Arbitrary Lagrangian-Eulerian）法，拉格朗日方法有其长处也有其短板，该方法的优势在于被划分的单元网格能够自动地捕捉到材料变形后的自由表面，在网格中不会有材料的流动。纯拉格朗日方法通常适用于处理普通变形程度的问题，但当处理变形非常大的问题时，由于网格的过度扭曲可能导致分析精度的降低，甚至威胁到计算的稳定性和正确性。因此，当遇到这种情况时，就需要使用其他方法来解决这个问题。一种替代方法是欧拉法，优点在于欧拉方法是在固定的网格上进行分析，网格不会因为变形过大而发生扭曲，从而保证了计算精度；其另一个优点在于可以自动生成材料之间的界面，处理大变形时更加有效，能够预测材料流动。另一种替代方法是 ALE（Arbitrary Lagrangian-Eulerian）方法，它将拉格朗日方法和欧拉方法结合在一起。这种方法可以同时处理材料的自由表面和大变形，并且具有更高的数值稳定性和精度，但计算成本相对更高。因此，对现实工程情况进行有限元分析，需要结合实际问题中的不同工况，选用合适的方法进行求解，以达到最好的分析结果。在计算固体力学问题时，拉格朗日方法是一种常用的数值模拟方法，因为该方法可以有效地描述材料的变形和应力，在这种方法中，用有限元来离散化连续介质，并在其上施加边界条件和外力，从而计算物体的位移和应力响应。拉格朗日法特别适合用于脆性材料的碰撞问题，因为该方法可以精确地捕捉到材料的损伤和破坏。与之相比，在计算流体力学问题时通常使用欧拉方法，因为欧拉方法可以更好地处理流体的流动和形变，在该方法中，使用固定的网格对流体进行离散化，并在其上施加边界条件和外力，从而计算流体的速度和压力，这种方法适用于处理稳态和非稳态流体流动问题。然而，在碰撞问题中，由于既涉及固体的变形又涉及流体的流动，在该方法中，可以轻松地模拟固体材料和流体材料的相互作用和耦合，从而实现更准确地模拟碰撞问题。因此在大变形状态下的拉格朗日方法需要采用自适应网格划分等方式根据物体的变形情况自适应地调整网格，在需要的区域加密网格以提高分辨率，在不需要的区域减少网格数量以降低计算成本，自适应网格划分法可以有效缓解网格歪曲现象，从而提高模拟计算精度和计算效率，来建立数值分析的计算控制方程。因此需要对大变形问题下的拉格朗日方法采用自适应网格方法对其改良，可以使拉格朗日方法的精确性得到相当大的提升，不过使用这种改良方式要耗费大量的分析计算资源，同时该方法使用范围局限解决在二维分析问题上。

综上，LS-DYNA 是一款有着丰富功能、灵活性高、适用范围广的显式动力分析软件，兼具多种算法和分析模型，可用于多种工程领域的仿真分析和研究。由于其精确性和有效性，被广泛应用于汽车、航空、军事、船舶、医疗等领域，成为了工程实践中的重要工具和标准。与传统的有限元分析软件相比，LS-DY-NA 不仅能够模拟更为复杂的非线性动力系统，还能够耦合多种物理现象，同时具有出色的并行计算能力，能够利用计算资源实现高效计算并提高计算效率。

6.2　有限元模型简介

本文采用显示动力学软件 ANSYS/LS-DYNA 对叠合柱进行有限元模拟。处理钢筋与混凝土之间的关系是建立钢筋混凝土模型的关键问题，常用到的方法有两种：整体式建模方式和分离式建模方式。与整体式建模方式相比，分离式建模更接近真实情况，分离式建模将整个系统拆解成多个组成部分，从而能够更好地反映构件内部的复杂性和多样性，此外，分离式建模可以更加准确地描述物体的边界和界面，以及不同组成部分间的相互作用和耦合，所以选择分离式建模的方式。而分离式建模中钢筋与混凝土一般采用共节点法、耦合法和 CONTACT_1D 三种方法定义相互关系。其中，耦合法的建模过程更为自由，钢筋单元的位置相对自由，可根据需要设置，建模过程简单，划分网格后单元数最少，求解时间段便于计算。所以，本文采用分离式建模的方式，钢筋与混凝土采用耦合法，将钢筋与混凝土完全粘结在一起的方式进行建模，建模数据单位制为 g-mm-ms，可由此单位制推导得出本文中其余物理量单位。

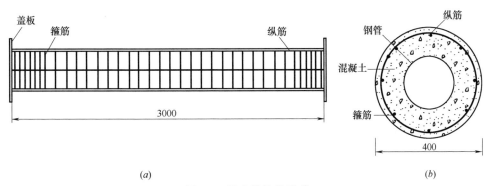

图 6-1　叠合柱结构形式

（a）叠合柱正视图；（b）叠合柱剖面图

参照现行国家标准《钢管混凝土结构技术规范》GB 50936 的设计要求，并借鉴已有试验的构件设计参数，建立中空钢管混凝土叠合柱为外部圆形钢筋混凝土部分套内部圆中空钢管的截面形式，混凝土外径为 400mm，钢管外径为

100mm，柱子高为 3000mm，钢管采用 Q355 型号钢材，钢管壁厚为 3mm。纵筋选用直径 12mm 的 HRB400 螺纹钢筋，箍筋选用型号为 HPB300 直径为 6mm 的钢筋，柱子底部和顶部分别设置间距为 50mm 的箍筋加密区，正常非加密区箍筋间距离为 100mm。柱头柱脚分别加设盖板，盖板厚度为 20mm。选用型号为 C40 混凝土作为混凝土设计强度，混凝土保护层设为 25mm 厚。中空钢管混凝土叠合柱结构形式如图 6-1 所示。

6.2.1　单元选取

ANSYS/LS-DYNA 中为使用者提供了种类多样的单元库，如索单元（LINK167）、梁单元（BEAM161）、薄壳单元（SHELL163）、8 节点实体单元（SOLID164）、10 节点实体单元（SOLID168）等。单元选取关系到有限元分析的精度及可靠程序，因此，对于有限元分析，单元类型的选取非常重要。混凝土、冲头、盖板、钢管均选用 8 节点实体单元（SOLID164），钢筋单元类型选用三维梁单元（BEAM161）。

6.2.2　材料选取

在 ANSYS/LS-DYNA 中，用户可从以下几类材料模型中选择：线性弹性材料模型、非线性材料模型、结合状态方程的材料模型、离散单元材料模型以及刚体材料模型[108]。这些模型为用户提供不同的选项，以满足不同材料的特性需求。其中，线性弹性材料模型适用于质地坚硬的材料，非线性材料模型可用于具有多种不同应变率的材料，结合状态方程的材料模型则可更准确地描述变形及其随时间的变化，离散单元材料模型可描述由多个小物体组成的复合材料，而刚体材料模型则适用于像钢、铝这样的硬材料。选择合适的模型对模拟结果的精度和可靠性具有重要作用。在动荷载作用下，材料的强度、延性等特征参数会随着应变率的不同而发生改变，其本构关系受到应变率的影响与静态本构模型有很大区别，因此恰当材料本构模型的选取对有限元模型准确性十分重要，而有一部分材料，在前处理中无法设置，需要通过修改 K 文件的方式来进行设置，然后再由求解器进行求解计算。

1. 钢材本构模型

本文钢材选用 LS-DYNA 中与应变相关的双线性随动塑性材料模型 * MAT_PLASTIC_KINEMATIC(MAT_3)，由于钢材在动力荷载作用下表现出显著的应变率效应，因此在选择钢材材料模型时，需要使用能够模拟该特性的本构模型，而 MAT_3 材料模型提供了各向同性、随动硬化或介于两者之间的混合材料模型来模拟材料的应变率效应。该模型的特点是能够准确地捕捉钢材在快速加载变形过程的复杂变化，因此可以在冲击碰撞和爆炸等高速动态模拟过程中发挥重要作用。

　　*MAT_PLASTIC_KINEMATIC 模型是以 Cowper-Symonds 模型为理论基础，考虑了材料动态应变率和屈服应力之间的关系而建立的一种本构模型，该模型建立了应变率与屈服强度之间的关系公式，用来描述材料的弹塑性行为，该公式包括材料的弹性模量、材料的屈服应力以及与应变率相关的修正系数，如公式（6-1）所示，可以准确地预测出材料在高速变形过程中的行为。

$$\sigma_y = \left[1 + \left(\frac{\dot{\varepsilon}}{c}\right)\right](\sigma_0 + \beta E_p \varepsilon_p^{eff}) \qquad (6\text{-}1)$$

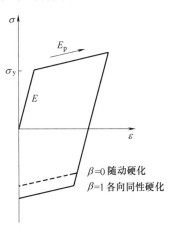

图 6-2　本构模型示意图

式中　σ_0——初始屈服应力；

　　　$\dot{\varepsilon}$——应变率；

　　　c——与材料性质有关的应变率参数；

　　　ε_p^{eff}——有效塑性应变；

　　　β——可调硬化参数（$\beta=0$ 时，为随动硬化模型；$\beta=1$ 时，为各向同性模型）；

　　　E_p——塑性硬化模量。

　　模型示意图如图 6-2 所示。钢材的材料参数见表 6-1。

钢材材料参数　　　　　　　　　　表 6-1

名称	密度 （g/mm³）	弹性模量 （MPa）	泊松比 ν	屈服强度 （MPa）	剪切模量 （MPa）	应变率常数 （c、P）
钢管	7.85×10^{-3}	2.06×10^5	0.3	377	2060	0.04,5
纵筋	7.85×10^{-3}	2.00×10^5	0.3	385	2000	0.04,5
箍筋	7.85×10^{-3}	2.00×10^5	0.3	325	2000	0.04,5

2. 混凝土本构模型

　　混凝土材料在动力荷载作用下的力学性能与静力荷载作用下的情况有明显的差异。由于动力荷载具有高速、瞬间和复杂等特性，混凝土材料在动力荷载下会体现出无规律的裂纹和断裂，以及非线性和非弹性的应力—应变响应，而静力荷载则表现出更线性且可预测的应力—应变关系。因此，在使用混凝土材料进行高速碰撞、爆炸等动力荷载下应用的工程中，必须考虑到这些差异，并使用适当的材料模型来模拟混凝土材料的动态响应，以确保模拟结果的精确性和可靠性。需要考虑应变率的效应对材料力学性能的影响，混凝土选用塑性损伤模型 *MAT_CONCRETE_DAMAGE_REL3（MAT72_R3），该模型是一个三不变模型，使用了三个剪切破坏面，包括初始屈服面、残余强度面和第三个破坏面，该模型能够考虑混凝土的多种损伤效应以及应变率效应等因素，能够自动生成与混凝土无侧限抗压强度有关的参数，从而得到高精度的模拟结果。该模型能够准确地描述混凝土在动态荷载作用下的非线性和非弹性行为，考虑到的因素包括不同的损伤效应、强度损失、动态变形等，同时也能够考虑应变率效应，从而为高速撞击、爆炸及其他动力荷载情形下的混凝土模拟提供了有效的模型[109]，能够较好地模拟混凝土在冲击和爆炸荷载作用下的力学性能。混凝土密度为 $2.5 \times 10^{-3}\,\mathrm{g/mm^3}$，无侧向限制的抗压强度为 43MPa，泊松比 0.3，在输入长度、应力单位换算系数，并定义混凝土应变率效应曲线后，其他参数都由材料模型自动生成，混凝土本构参数见表 6-2。

由于结构受冲击荷载的作用，在高应变率情况下，混凝土的力学性能与静力学中的力学性能大有不同，混凝土的强度和变形性能都得到了不同程度的提升，因此在进行建模时需要考虑应变率效应所带来的影响，一般通过混凝土的强度放大系数来考虑，通常用 DIF 来表示。

欧洲混凝土相关规范[110] 关于混凝土抗压强度动荷载增大系数 $CDIF$ 计算公式如下：

$$CDIF = \frac{f_{cd}}{f_{cs}} = \left(\frac{\dot{\varepsilon}}{\dot{\varepsilon}_{stat}}\right)^{1.026\alpha} \qquad \dot{\varepsilon}_{stat} < \dot{\varepsilon} < 30\mathrm{s}^{-1} \tag{6-2}$$

$$CDIF = \frac{f_{cd}}{f_{cs}} = \gamma\left(\frac{\dot{\varepsilon}}{\dot{\varepsilon}_{stat}}\right)^{1/3} \qquad 30\mathrm{s}^{-1} < \dot{\varepsilon} < 300\mathrm{s}^{-1} \tag{6-3}$$

式中 f_{cd}——混凝土在动荷载作用下应变率 $\dot{\varepsilon}$ 时的动荷载抗压强度；

f_{cs}——混凝土静态应变率 $\dot{\varepsilon}$ 时的静态抗压强度；

$\dot{\varepsilon}_{stat} = 30 \times 10^{-6}$、$\log\gamma = 6.156\alpha - 2$、$\alpha = 1/(5 + 0.9f_{cs})$。

抗拉强度动荷载增大系数 $TDIF$ 计算公式如下：

$$TDIF = \frac{f_{td}}{f_{ts}} = \left(\frac{\dot{\varepsilon}}{\dot{\varepsilon}_{stat}}\right)^{1.106\delta} \qquad \dot{\varepsilon}_{stat} < \dot{\varepsilon} < 30\mathrm{s}^{-1} \tag{6-4}$$

$$TDIF = \frac{f_{td}}{f_{ts}} = \beta\left(\frac{\dot{\varepsilon}}{\dot{\varepsilon}_{stat}}\right)^{1/3} \qquad 30\mathrm{s}^{-1} < \dot{\varepsilon} < 300\mathrm{s}^{-1} \tag{6-5}$$

式中 f_{td}——应变率 $\dot{\varepsilon}$ 时的动荷载抗拉强度；

f_{ts}——应变率 $\dot{\varepsilon}$ 时的静态抗拉强度；

$\dot{\varepsilon}_{stat} = 3 \times 10^{-6}$、$\log\beta = 7.112\delta - 2.33$、$\delta = 1/(10 + 6f_c/10)$。

在模拟过程中，混凝土会发生脆性破坏，当混凝土材料超过其极限强度时，混凝土单元会发生畸变，因此混凝土单元的失效不能忽略，通过在 K 文件中加

入关键字 * MAT_ADD_EROSION 来实现，当混凝土单元达到预设的 ε_{max}（最大失效压应变）和 P_{max}（最大失效压应力），应力自动删除，不影响后续的继续计算，从而模拟单元失效，所设定的参数[111] 值 $\varepsilon_{max}=0.35$，$P_{max}=350\text{MPa}$。

混凝土本构参数 表 6-2

MID	RO	PR	A_0	$RSIZE$	UCF	$LCRATE$
1	2.05×10^{-5}	0.22	-43	0.03937	145	723

3. 冲头及盖板材料

在有限元建模过程中，为了加快计算速度，忽略冲头的变形，将冲头设置为刚性材料 * MAT_RIGID，冲头密度为 $7.85\times10^{-3}\text{g/mm}^3$，弹性模量为 $2.06\times10^5\text{MPa}$，泊松比取 0.3。盖板采用 1 号材料 * MAT_ELASTIC，密度为 $7.85\times10^{-3}\text{g/mm}^3$，弹性模量为 $2\times10^5\text{MPa}$，泊松比为 0.3。

6.2.3 网格划分

网格划分是将已经建立好的几何模型变成有限元模型的不可或缺的一个步骤，是有限元分析非常重要的一步。网格划分的质量、大小是影响求解计算结构好坏的重要因素。网格划分主要分为三部分，首先对几何模型赋予单元属性，然后设置网格尺寸，最后进行网格划分。网格划分尺寸的大小是决定模型精细程度的重要因素，影响最终计算结果的精确性。通常情况下，网格设置的越小，也就越密集，网格划分后得到的节点和单元数量越多，随着材料模型的复杂度增加，相应的占用的计算存储空间也就变大，计算过程所需要的时间也会变得更长，最终得到的计算结果也就越精确。因此，合理的网格尺寸是有限元分析过程中非常重要的一步。这样既保证模型计算的准确性，又保证了高效的计算效率。在ANSYS/LS-DYNA 中提供了三种网格划分的方法，分别为自由网格划分、映射网格划分和扫掠网格划分。自由网格划分是一种具有较高的自动化程度的网格划分技术，常常被用于复杂程度较高的模型，这种方法划分网格数量比较多，形状不规则，特别容易出现退化的单元，最终导致计算时间较长。映射网格划分通常会得到较少的单元，所得到的网格也更加规则，因此计算所需要的时间也就较少，但映射网格划分的方法对图元的形状要求比较高，一般仅仅适用于规则几何面和体的网格划分。扫掠网格划分所得到的网格较为规整，扫掠网格的优势是对图元的形状要求比较低，能自动根据不规则的图元进行划分，具有更大的灵活性。可根据需求选择不同的网格划分方式。

为了使模型计算更为准确，尽量将网格划分为规整六面体网格，本文采用映射网格，对模型的重点研究部位，如冲头与混凝土接触区域，柱子的柱头、柱脚与盖板接触位置均采用相对较细的网格尺寸，对计算结果影响较小的位置采用相对较粗的网格，这样既减少了整体单元数量，节约了计算时间，同时也使数值分析结果的精确性得到保证。网格如图 6-3 所示。

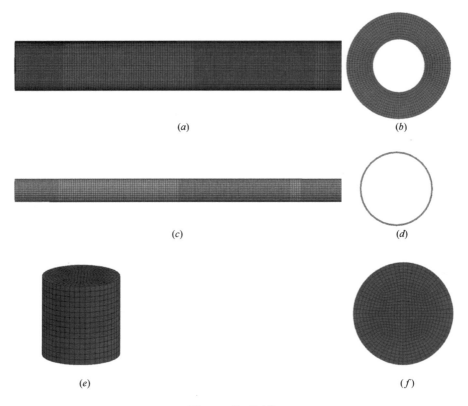

图 6-3　模型网格

(a) 混凝土网格；(b) 混凝土剖面图；(c) 钢管网格；(d) 钢管剖面网格；
(e) 冲头网格；(d) 盖板网格

6.2.4　初始条件设置

为了能够更好地还原真实情况，本书中柱子模型下柱脚采用固支的形式，上柱头采用铰支形式。上下盖板分别与纵筋、钢管和混凝土之间定义点面接触，将彼此之间固接到一起，采用关键字 ∗ CONTACT_TIED_NODES_TO_SURFACE，参数设置使用默认参数。冲头与混凝土、混凝土与钢管之间定义为自动面面接触，采用关键字 ∗ CONTACT_AUTOMATIC_SURFACE_TO_SURFACE，静摩擦系数和动摩擦系数分别取 0.6 和 0.5[112]。钢筋与混凝土之间通过耦合法建立钢筋混凝土之间的关系，通过添加关键字 ∗ CONTRAINED_LAGRANGE_IN_SOLID 建立二者之间的联系。

6.2.5　边界条件

本文模拟的为中空钢管混凝土叠合柱，为了更加真实地还原显示情况，在柱子上部对柱子施加轴向压力，通过动态松弛法进行了荷载的施加和计算，考虑了轴向压力对柱子的影响。冲头的冲击速度，通过关键字 * INITIAL_VELOCITY_GENERATION 来设置冲头下落的速度，可根据需要对冲头施加不同的速度。

通过对比下落高度为 2m 和 5m，柱两端固支的工况的冲击力—时间曲线和位移—时间曲线，验证本文所采用的建模方式的有效性。

6.3　模型有效性验证

6.3.1　试验简介

为了验证数值模拟的有效性与可靠性，以现有试验数据对数值模拟方法进行验证。将数值模拟得到的数据结果与试验结果中得到的数据进行比对。试验是在由太原理工工程试验中心自主研发的落锤冲击试验装置上进行。试验装置主要由上部横梁、卷扬机、脱钩器、冲头以及冲头防护装置等组成，试验装置如图 6-4 所示，通过控制卷扬机来调节冲头下落高度，通过激光测距仪来控制下落高度，从而达到控制不同冲击速度的目的，冲头的最大下落高度可为 5m。

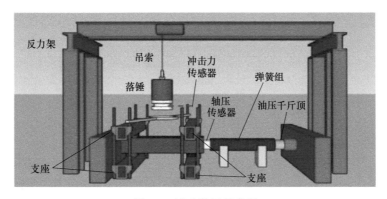

图 6-4　试验装置示意图

冲头由锤体、冲头顶部、冲击力传感器和冲头底部构成，冲头总质量为 1.15t，冲头尺寸见表 6-3，冲头示意图如图 6-5 所示。

试件截面尺寸为 400mm×400mm，长 1800mm，实际有效作用长度为 1200mm。箍筋采用直径 7.7mm 的钢筋，左右两端箍筋加密区长度分别为 325mm、475mm，加密区箍筋间距为 50mm，非加密区为 100mm，箍筋屈服强

冲头尺寸 表 6-3

名称	直径(mm)	高度(mm)	重量(kg)
锤体	490	486	719.43
冲头顶部	490	150	221.20
冲击力传感器	300	150	82.90
冲头底部	450	100	124.37

(a)　　　　　　　　　　(b)

图 6-5　冲头装置示意图

(a) 试验装置；(b) 冲头示意图

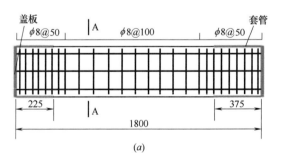 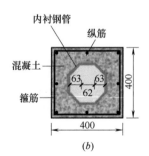

(a)　　　　　　　　　　(b)

图 6-6　试件尺寸示意图

(a) 柱子立面图；(b) A-A 剖面图

度为 475.38MPa，纵筋采用直径 15.6mm 的钢筋，纵筋屈服强度为 455.5MPa。内置正八边形钢管，钢管壁厚为 3.91mm，钢管屈服强度为 298MPa。混凝土立方体抗压强度为 52.15MPa。试件几何尺寸如图 6-6 所示。

6.3.2 有限元模型简介

为了使有限元模拟的效果更加贴合实际,有限元模型所采用尺寸与试验数据中尺寸完全相同。混凝土、钢管、支座和冲头采用 SOLID164 单元,钢筋采用 BEAM161 单元。钢材材料选用 * MAT_PLASTIC_KINEMATIC(MAT_3),混凝土材料选用 MAT72_R3 关键字为 * MAT_CONCRETE_DAMAGE_REL3,冲头和支座选用 * MAT_RIGID。通过对冲头赋予不同的冲击速度,来模拟不同的冲击高度。混凝土与钢管、混凝土与冲头之间采用自动面面接触。

本文通过对已有试验结果进行数值分析,以此来对本文数值模拟建模方式的精确性进行验证,通过对太原理工大学陈亮廷进行的内衬八边形钢管的钢筋混凝土柱冲击试验的数据进行有限元分析,并将数值分析计算的结果与试验数据进行对比,验证本文中空钢管混凝土叠合柱有限元模型的有效性与正确性。

6.3.3 有限元模型验证

1. 时程曲线对比

本文验证取两端固支,冲击高度分为 2m 和 5m 两种工况。建模时为了计算简便,将落锤下落高度 2m 和 5m 分别简化为对应冲击速度,经计算简化后速度分别为 6.26m/s 和 9.9m/s。冲头距离柱表面距离为 2mm。有限元模型如图 6-7 所示。通过对比下落高度为 2m 和 5m,柱两端固支工况的冲击力—时间曲线和位移—时间曲线,验证本文所采用的建模方式的有效性。

试验所得到的冲击力峰值大小与有限元分析所得冲击力峰值大小非常接近,二者吻合良好,模拟所得峰值发生时间有少许滞后,这是

图 6-7 有限元模型示意图

因为所使用的混凝土材料模型与实际混凝土材料硬度不同所致,如图 6-8 所示。从图 6-9 跨中位移时程曲线可以看出,跨中最大位移十分接近,峰值过后下降段存在一定误差,误差产生原因是对模型进行简化造成的,对冲头的刚性体假设、材料模型的理想化假设,使得整个模型忽略了变形产生的部分能量,构件在承受冲击荷载时需要产生更大的变形来消耗这部分的能量。从最终结果来看,模拟计

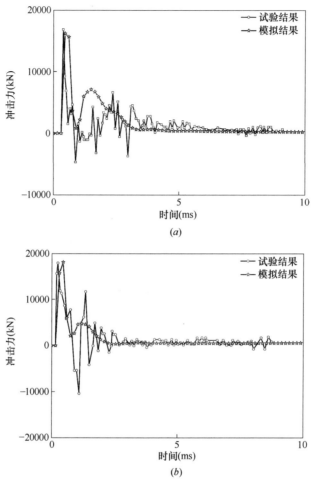

图 6-8　不同高度冲击力时间曲线

（a）高度为 2m 时冲击力时程曲线；

（b）高度为 5m 时冲击力时程曲线

算结构可靠，本文所采取的建模方法能够较好地模拟中空钢管混凝土叠合柱在冲击荷载作用下的动力响应。

2. 破坏形式对比

从图 6-10 可以看出数值模拟的破坏形式与试验极其相似。冲击速度增大，冲头的冲击能量也随之增加，叠合柱变形也随之增加，叠合柱破坏程度也增加。与冲头接触部位混凝土被压坏，混凝土裂缝沿着冲头边缘向支座处斜向蔓延，随着冲击高度的增加，叠合柱下部混凝土发生脱落，靠近支座处混凝土破坏较为严重。试验中构件的破坏形态与数值模拟所得到的破坏形式有较好的吻合。

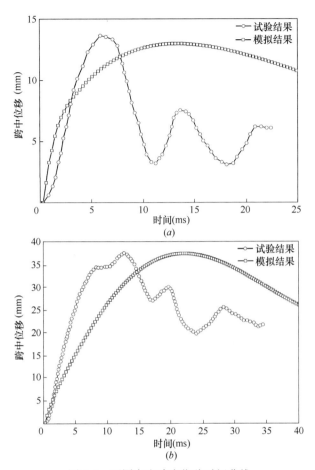

图 6-9　不同高度跨中位移时间曲线

（a）高度为 2m 时跨中位移时程曲线；（b）高度为 5m 时跨中位移时程曲线

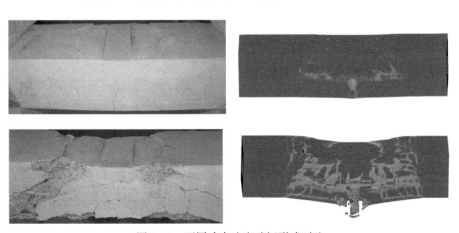

图 6-10　不同冲击速度破坏形式对比

6.4　本章小结

本章首先对 ANSYS/LS-DYNA 软件进行了介绍，该软件在冲击领域的有限元分析有较高的精度。然后对中空钢管混凝土叠合柱的单元选取、模型尺寸、材料模型、网格划分和边界条件等进行了介绍，选用已有试验数据，通过数值模拟的方式，对比了冲击力—时间曲线和位移—时间曲线，试验所得曲线与数值模拟所得曲线经过比对，峰值及整体趋势高度相似。数值模拟得到的叠合柱的破坏形式与试验所得到的破坏形式相似度较高。因此，ANSYS/LS-DYNA 有限元软件在模拟冲击问题方面有较好的精度，本文所采用的建模方法具有较高的可信度，模拟结果准确可靠。

7

中空钢管混凝土叠合柱抗冲击性能分析

本章基于上一章建模方法建立中空钢管混凝土叠合柱有限元分析模型，并研究不同参数的变化对叠合柱抗冲击性能的影响和冲击荷载作用下叠合柱工作机理。主要思路如下：建立中空钢管混凝土叠合柱有限元模型，验证模型的可行性，之后通过改变冲头速度、钢管强度、冲击位置、冲击质量等得出不同情况下冲击荷载作用下中空钢管混凝土叠合柱的动力响应，选取主控变量，研究各参数变化对柱子抗冲击性能的影响，并通过有限元软件对叠合柱的工作机理进行研究。

7.1 叠合柱的动态响应

已有许多学者对钢管混凝土进行了研究，研究表明钢管混凝土构件具有较好的承载能力和抗冲击性能等特点。以数值模拟分析为基础，对中空钢管混凝土叠合柱进行研究，对冲头速度为 15m/s 的一端固定一端简支的叠合柱进行研究。

7.1.1 冲击过程描述

为了使模型计算更加简便，节约计算时间，冲头建模时，将冲头置于叠合柱上方 2mm 处，对冲头施加冲击速度。在冲击过程中能量之间发生转化，冲头、叠合柱跨中速度、跨中位移以及冲头与叠合柱之间的作用力也发生较大变化。所以，通过有限元模型得出冲头和叠合柱的速度时程曲线、跨中位移和冲击力时程曲线来对冲击过程进行研究，如图 7-1 和图 7-2 所示。

AB 段：冲头以初速度 15m/s 的速度向叠合柱冲击，冲头与叠合柱接触，冲击力迅速达到最大值，叠合柱速度快速增大到最大值，叠合柱位移迅速增大。

BC 段：叠合柱由于本身刚度和混凝土耗能，叠合柱本身和冲头开始做减速运动，到达 *C* 时刻，冲头与叠合柱冲击部位速度相同，*B* 时刻冲击力由峰值迅速下降直到 *C* 时刻。

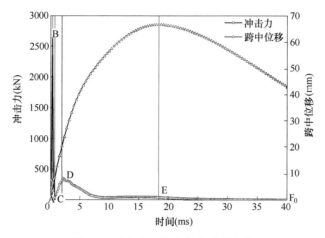

图 7-1　冲击力、跨中位移时程曲线

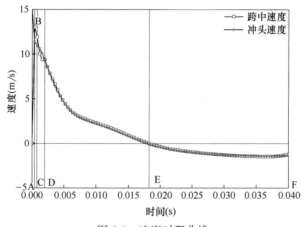

图 7-2　速度时程曲线

CD 段：冲头和叠合柱以近乎相同加速度做减速运动，到达 D 时刻二者速度同时为 0，叠合柱位移达到最大值，冲击力进入平台值阶段开始缓慢下降。

DE 段：到达 D 时刻后叠合柱弹性变形开始恢复，叠合柱和冲头以相同速度开始回弹，冲击力继续下降，叠合柱本身位移开始减小。

EF 段：E 时刻后冲头与叠合柱开始分离，到达 F 时刻叠合柱停止运动，弹性变形完全恢复，该点叠合柱残余位移，冲击力值变为 0，冲头继续向回弹方向运动。

7.1.2　叠合柱应力应变云图

图 7-3 为叠合柱的外部混凝土有效塑性应变云图，A 时刻：冲头开始下落，

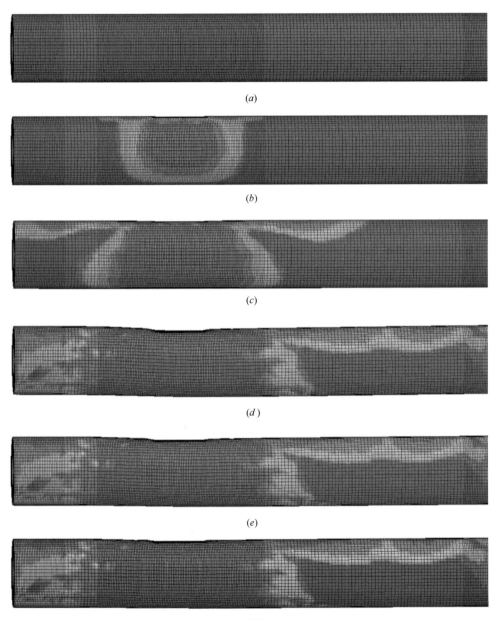

(a)

(b)

(c)

(d)

(e)

(f)

图 7-3　混凝土损伤云图

(*a*) *A* 时刻；(*b*) *B* 时刻；(*c*) *C* 时刻；(*d*) *D* 时刻；(*e*) *E* 时刻；(*f*) *F* 时刻

并未与外部混凝土接触；*B* 时刻：冲头与混凝土接触，冲击力迅速发展，冲击力迅速达到峰值，在冲击部位处形成塑性铰；*C* 时刻：冲击力从峰值迅速下降到 *C* 时刻，冲击力向冲击方向和支座处蔓延，*CD* 段中应力曲线的平台值阶段，叠合柱通过塑性变形吸收冲击能量；D 时刻：叠合柱跨中位移达到最大值，在固定端处形成一个塑性铰，固定端处上部受拉下部受压，叠合柱开始回弹，混凝土损伤不再加重；E 时刻：冲头与叠合柱分离，叠合柱继续回弹，最大位移减小；F 时刻：弹性变形完全恢复，可以发现，冲击位置和固定端处混凝土塑性应变较大，损伤较为严重，冲击位置处混凝土被压碎。

图 7-4 为内部钢管应力云图，A 时刻冲头开始下落；B 时刻冲头与叠合柱接触，冲击力迅速达到峰值，冲头横截面边缘处在钢管上产生较大应力，钢管产生形变，吸收冲击能量；C 时刻应力向下部和固支端蔓延，钢管发生屈曲；D 时刻钢管达到跨中位移最大值，钢管弹性变形开始恢复，钢管冲击位置处屈曲较严重，固定端处产生较大应力；E、F 时刻由于轴向压力的作用在简支端产生较大应力。

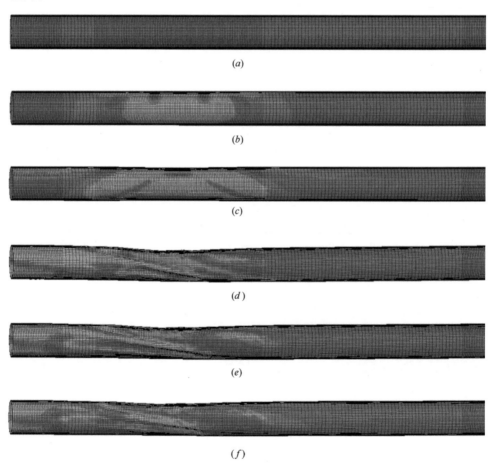

图 7-4 钢管应力云图

(a) A 时刻；(b) B 时刻；(c) C 时刻；(d) D 时刻；(e) E 时刻；(f) F 时刻

7.1.3　冲击力—位移曲线

图 7-5 为冲头速度为 15m/s 时，冲击力—位移曲线。从图 7-5 可以看出，当冲击力达到等峰值 B 后迅速下降到 C，由于冲击荷载的瞬时性，作用时间较短，

叠合柱本身并未产生较大位移，进入 CD 段冲击力位移曲线有明显的平台值阶段，冲击力无特别明显的变化，叠合柱通过本身塑性耗能，变形明显增加，平台值阶段对冲击能量消耗后，进入下降段叠合柱位移继续增大耗能，到达 F 点时达到跨中位移最大值冲击力归 0，EF 段为弹性回弹阶段，由于没有冲击力继续作用，弹性变形得到恢复，到达 F 点，为叠合柱吸收冲击能量后的残余位移值。

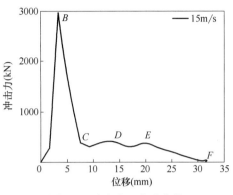

图 7-5　冲击力—位移曲线

由此可以发现中空钢管混凝土叠合柱在受到冲击荷载作用时，具有明显塑性变形耗能阶段，在冲击荷载作用下具有良好的抗冲击性能。

7.1.4　内能分布

在冲击荷载作用下，外部混凝土吸收能量最多，这是由于外部混凝土先于冲头接触发生塑性耗能，是主要吸收冲击能量的部分，内部钢管的能量占比次之，是由于内部钢管对外部钢筋混凝土起到支撑作用，外部混凝土对内部钢管起到保护作用。通过图 7-6 可以看出，外部混凝土吸收了 41% 的冲击能量，内部钢管吸

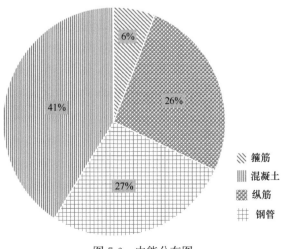

图 7-6　内能分布图

收了 27％的能量，纵筋吸收了 26％的能量，其次是箍筋吸收占比 6％，因此外部混凝土、钢管和纵筋共同作用吸收冲击能量，使叠合柱有良好的抗冲击性能。

7.2 不同参数的动力响应

本文利用 ANSYS/LS-DYNA 软件的重启动功能对中空钢管混凝土叠合柱在冲击荷载作用下的动力响应进行了参数化分析。首先，通过动力松弛的方式对叠合柱施加轴向的压力。然后，冲头与叠合柱发生碰撞，碰撞过程大约持续时间为40ms。最后，将冲头模型删除，让碰撞后的叠合柱继续响应，进行损伤评估。分析以上的过程，利用上述建立的有限元模型，改变各项参数的变化研究不同冲击速度、混凝土强度、冲击部位等参数对中空钢管混凝土叠合柱抗冲击性能的影响。

7.2.1 冲击速度的影响

保持柱子截面尺寸等参数不变，对柱子预先施加轴力。采用控制变量法，对冲头施加不同的冲击速度，分别模拟出速度为 5m/s、10m/s、15m/s 和 20m/s 情况下叠合柱受冲击荷载作用下的动力响应。冲击力—时程曲线如图 7-7 所示。跨中位移—时程曲线如图 7-8 所示。冲击后叠合柱的损坏情况如图 7-9 所示。

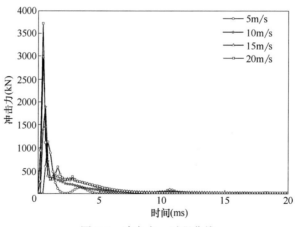

图 7-7 冲击力—时程曲线

从图 7-7 冲击力—时程曲线可以看出，冲击力随着冲击速度的增加而增大，在冲头与叠合柱接触瞬间冲击力迅速达到最大值，随后快速下降。随着冲击速度的增加，冲击力作用时间也会相应地略微增加。这是由于冲击过程的能量转换和传递需要一定的时间来完成，而在冲击速度较高的情况下，能量转换和传递需要

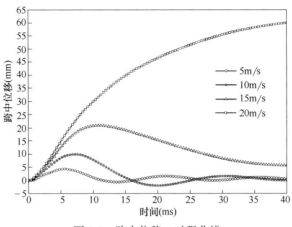

图 7-8　跨中位移—时程曲线

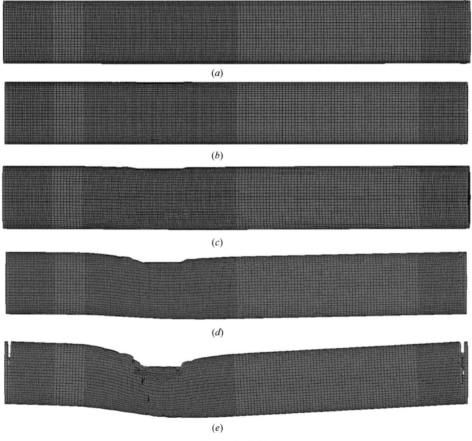

图 7-9　损坏情况

（a）速度 5m/s；（b）速度 10m/s；（c）速度 15m/s；（d）速度 20m/s；（e）速度 25m/s

更长时间来达到平衡状态，因此冲击力作用的时间也会有所增加。分析图 7-8 位移—时程曲线可以发现，冲击速度增大，跨中位移最大值也随之增大。当速度较小时，整个构件发生弹性变形，位移—时程曲线上下震荡后，位移值恢复到 0，并未出现残余形变，表明构件并未发生塑性形变。当冲击速度较大时，整个构件发生弹塑性变形，位移—时程曲线达到最大位移值后，缓慢下降，冲击过程结束后，由于构件的塑性形变，构件出现残余位移，随着冲击速度的继续增大，构件残余位移值也随着增大，相应的构件塑性变形也随之增大。从图 7-9 发现当速度达到 20m/s 时，冲击位置发生较大破坏，简支端混凝土开始破坏，当速度达到 25m/s 时，冲击位置破坏严重，固支简支端发生断裂破坏。

7.2.2 混凝土强度的影响

在实际工程中常用混凝土强度的范围在 20～100MPa，本书选取了 $f_{cu}=$ 30MPa、$f_{cu}=40$MPa、$f_{cu}=50$MPa 和 $f_{cu}=60$MPa 四个强度等级进行研究。通过控制变量法，保持有限元模型其他参数不变的前提下，通过调整混凝土的轴心抗压强度的方法，对混凝土轴心抗压强度依次为 30MPa、40MPa、50MPa、60MPa 的中空钢管混凝土叠合柱在冲击荷载作用下的结构响应进行分析。冲击力—时程曲线和位移—时程曲线如图 7-10 和图 7-11 所示。叠合柱损坏情况如图 7-12 所示。

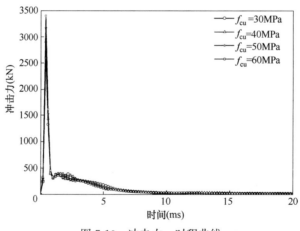

图 7-10　冲击力—时程曲线

从图 7-10 冲击力—时程曲线可以看出，混凝土轴心抗压强度的提升使叠合柱的冲击力峰值略有提升，峰值过后的平台值阶段和下降段近乎相同，冲击力—时程曲线整体趋势极其相似。冲击力是叠合柱与冲头之间的接触力，是叠合柱受到冲击荷载作用后对冲头的反作用力，当混凝土强度较低时，受到冲击荷载的作用冲击部位混凝土被压碎，吸收了部分冲击能量，导致冲击力降低，随着混凝土

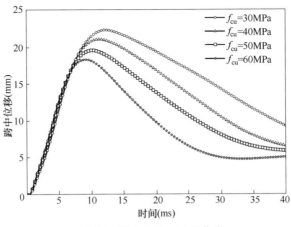

图 7-11 跨中位移—时程曲线

强度的提升，混凝土塑性破坏减弱，从而导致冲击峰值增大。从图 7-11 跨中位移—时程曲线可以看出，由于混凝土强度的增大，叠合柱的位移峰值减小，叠合柱受冲击后的残余位移值也随之变小，由于混凝土强度的提升，混凝土受冲击后的塑性区域有所减少，构件的整体刚度得到提升，使叠合柱在冲击荷载作用下的抗变形能力得到提升，相应的抗冲击能力得到提升。从图 7-12 中可以看出混凝土强度的提升对构件的破坏形式影响很小。

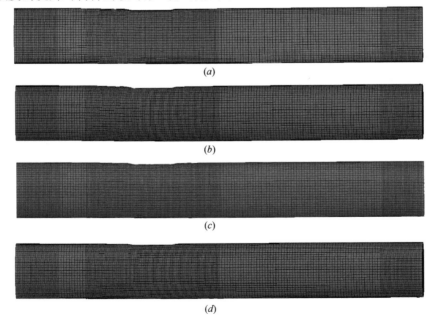

图 7-12 损坏情况

（a）混凝土强度 30MPa；（b）混凝土强度 40MPa；（c）混凝土强度 50MPa；（d）混凝土强度 60MPa

7.2.3 轴压比的影响

保持冲击速度、混凝土强度等参数不变，通过改变叠合柱轴向压力的大小，研究轴向压力对叠合柱抗冲击性能的影响。轴压比分别取 0.1、0.2、0.3、0.4 四个值，通过数值模拟得出冲击力—时程曲线和位移—时程曲线，如图 7-13 和图 7-14 所示。叠合柱损坏情况如图 7-15 所示。

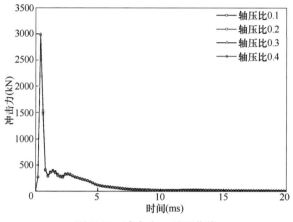

图 7-13　冲击力—时程曲线

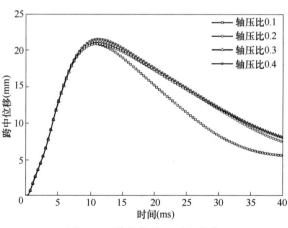

图 7-14　跨中位移—时程曲线

从图 7-13 冲击力—时程曲线可以看出，轴向压力大小的改变对冲击力—时程曲线的影响很小，冲击力最大值、平台值阶段和下降段基本完全相同，轴压比对冲击力—时程曲线影响几乎为零。通过分析图 7-14 位移—时程曲线可以发现，由于轴压比的增加，使叠合柱受到冲击荷载作用后的跨中位移最大值有微小下降，当轴压比由 0.1 增加到 0.3 时，残余位移值有微小增加，当轴压比继续增加时，残余位移值明显增大，由于轴向压力过大使叠合柱变形明显增大。从图 7-15 中可以看出轴压比的变化对构件的破坏形式影响很小。

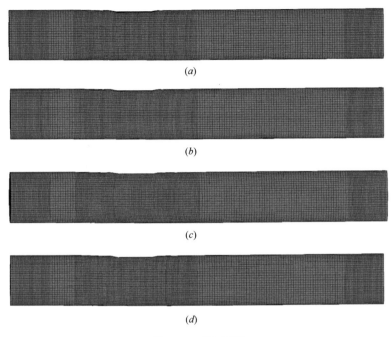

(a)

(b)

(c)

(d)

图 7-15 损坏情况

(a) 轴压比 0.1；(b) 轴压比 0.2；(c) 轴压比 0.3；(d) 轴压比 0.4

7.2.4 钢管屈服强度的影响

为了探究叠合柱抗冲击性能受钢管屈服强度的影响，其他参数保持不变，仅对钢管的屈服强度进行调整。在实际工程领域中，钢管通常在 $200\sim700$MPa 强度范围内，本节钢材强度选择 $f_y=235$MPa、$f_y=345$MPa、$f_y=390$MPa、$f_y=420$MPa 四个钢管强度值进行研究，并对其影响进行比较分析。叠合柱受冲击荷载作用的数值模拟分析结果如图 7-16 和图 7-17 所示。叠合柱损坏情况如图 7-18 所示。

曲线分析如下，从冲击力—时程曲线中可以看出，钢管屈服强度的变化对冲击力峰值和下降段平台值阶段几乎没有影响。由位移—时间曲线可以得出，随着钢管强度的提升跨中位移最大值有轻微减小，跨中位移最大值后的下降段随钢管强度的提升变得平缓，叠合柱整体变形缓慢，跨中位移残余值随钢管强度的提升有所减小。从图 7-18 中可以看出钢管屈服强度的变化对构件的破坏形式影响很小。

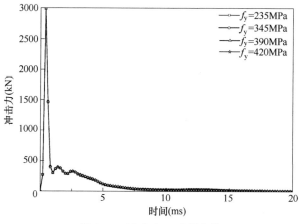

图 7-16　冲击力—时程曲线

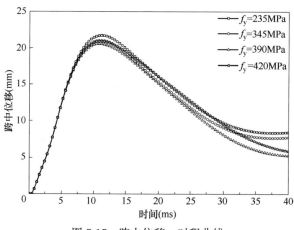

图 7-17　跨中位移—时程曲线

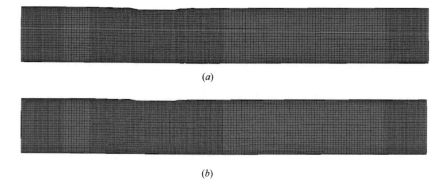

图 7-18　损坏情况（一）

（a）钢管强度 235MPa；（b）钢管强度 345MPa

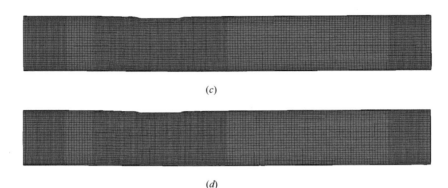

(c)

(d)

图 7-18　损坏情况（二）

（c）钢管强度 390MPa；（d）钢管强度 420MPa

7.2.5　纵筋屈服强度的影响

为了研究纵筋屈服强度对叠合柱受冲击荷载作用的影响，选取四种屈服强度分别为 f_y＝300MPa、f_y＝335MPa、f_y＝400MPa 和 f_y＝500MPa 的纵筋为研究对象，其他参数保持不变。分别得出冲击力—时程曲线和位移—时程曲线进行研究，如图 7-19 和图 7-20 所示。叠合柱损坏情况如图 7-21 所示。

图 7-19 中冲击力—时程曲线峰值和曲线整体趋势并没有受到纵筋屈服强度的影响，冲击时程曲线有明显的平台值阶段。分析图 7-20 跨中位移—时程曲线可以得出，随着纵筋强度的提升，叠合柱跨中位移最大值有轻微减小，残余位移值也随着纵筋强度的提升而减小。从图 7-21 中可以看出纵筋屈服强度的变化对构件的破坏形式影响很小。

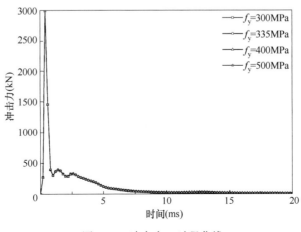

图 7-19　冲击力—时程曲线

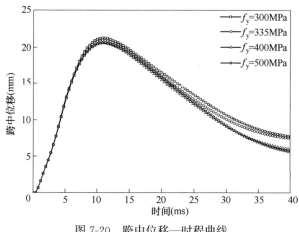

图 7-20 跨中位移—时程曲线

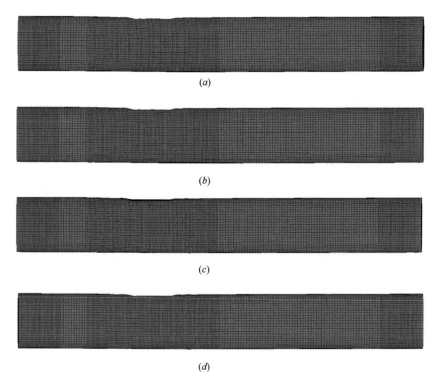

图 7-21 损坏情况

（a）纵筋 300MPa；（b）纵筋 335MPa；（c）纵筋 400MPa；（d）纵筋 500MPa

7.2.6 箍筋屈服强度的影响

为研究不同箍筋强度对叠合柱抗冲击性能的影响，取箍筋强度为 $f_x=$

300MPa、f_x＝335MPa、f_x＝400MPa 和 f_x＝500MPa 四个强度等级进行研究，保持其他参数不变，分别得出各强度下的冲击力—时程曲线和位移—时程曲线，时程曲线如图 7-22 和图 7-23 所示。叠合柱损坏情况如图 7-24 所示。

从图 7-22 中可以看出，箍筋强度的改变对冲击力峰值没有影响，峰值之后的平台值阶段随着箍筋强度的提升而略有增加。分析图 7-23 跨中位移—时程曲线可以看出，箍筋强度的提升使构件跨中位移最大值减小，使残余位移值也有轻微影响。从图 7-24 中可以看出箍筋屈服强度的变化对构件的破坏形式影响很小。

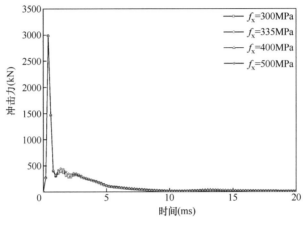

图 7-22　冲击力—时程曲线

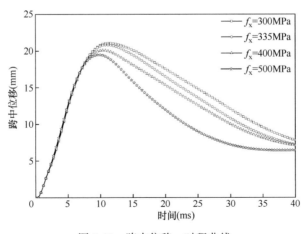

图 7-23　跨中位移—时程曲线

7.2.7　冲击位置的影响

冲击位置的影响是指冲头与叠合柱的接触位置不同，即冲头下落后与叠合柱

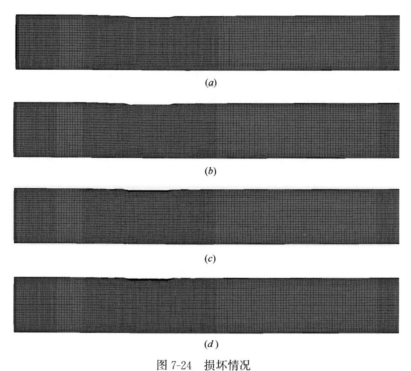

图 7-24　损坏情况

（a）箍筋 300MPa；（b）箍筋 335MPa；（c）箍筋 400MPa；（d）箍筋 500MPa

的接触部位，叠合柱柱脚固支，柱头简支，本文用冲头边缘距离柱脚固定端的距离表示冲击位置，用 x 表示，选取 $x=0$mm（柱脚处）、$x=600$mm（叠合柱 1/4 处）、$x=1350$mm（叠合柱中部）和 $x=2100$mm（叠合柱 1/4 处）四个冲击位置进行研究，如图 7-25 所示。分别得出冲击力—时程曲线和位移—时程曲线，如图 7-26 和图 7-27 所示。叠合柱损坏情况如图 7-28 所示。

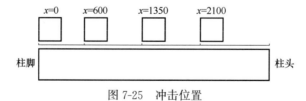

图 7-25　冲击位置

　　从图 7-26 冲击力—时程曲线可以看出，在 $x=600$mm、$x=1350$mm 和 $x=2100$mm 时，冲击力—时程曲线的冲击力峰值、冲击力平台值和下降段几乎完全相同，没有受到冲击位置变化的影响，当 $x=0$ 时，冲击力峰值明显增大，冲击力—时程曲线出现明显的振荡，由于冲击位移靠近固定端，叠合柱本身变形较小，结构通过形变对能量的消耗也就减少，相应的在相同的计算时间内，冲头与叠合柱发生多次碰撞，且冲击峰值由于能量损耗较少，明显大于其他冲击位置。从图 7-27 跨中位移—时程曲线可以发现，冲击位置的不同对位移—时间曲线的影响较大，冲击位置在叠合柱中部时，跨中位移最大值和残余位移值最大，当 $x=600\text{mm}$ 和 $x=1350\text{mm}$ 时，冲击位置分别距离柱头和柱脚的距离相同，但是由于两端约束条件的不同，柱头为简支，柱脚为固支，从而跨中位移最大值有明显不同。从图 7-28 中可以看出冲击位置的变化对构件的破坏形式影响很小。

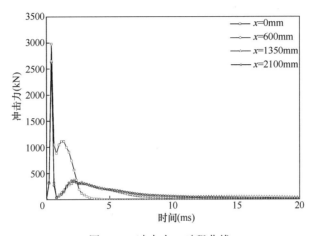

图 7-26　冲击力—时程曲线

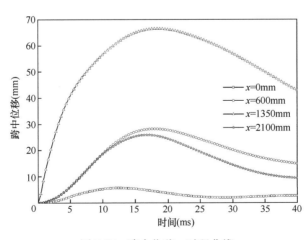

图 7-27　跨中位移—时程曲线

7.2.8　冲击质量的影响

保证其他参数不变，通过改变冲头的质量，研究冲头质量对叠合柱抗冲击性

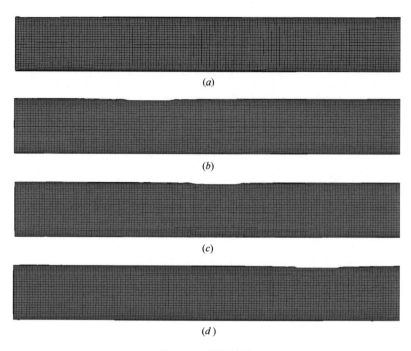

图 7-28 损坏情况

（*a*）冲击位置 $x=0$mm；（*b*）冲击位置 $x=600$mm；（*c*）冲击位置
$x=1350$mm；（*d*）冲击位置 $x=2100$mm

能的影响。冲头质量选取 $m=100$kg、$m=166$kg、$m=200$kg、$m=300$kg、$m=400$kg 和 $m=500$kg 六个值，冲击力—时程曲线和位移—时程曲线如图 7-29 和图 7-30 所示，叠合柱损坏情况如图 7-31 所示。

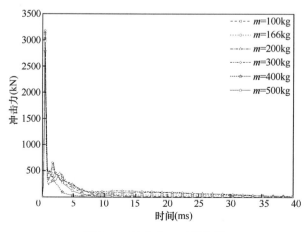

图 7-29 冲击力—时程曲线

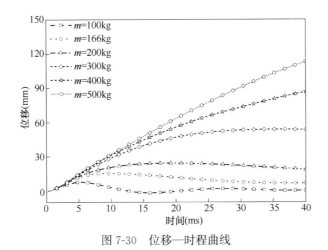

图 7-30　位移—时程曲线

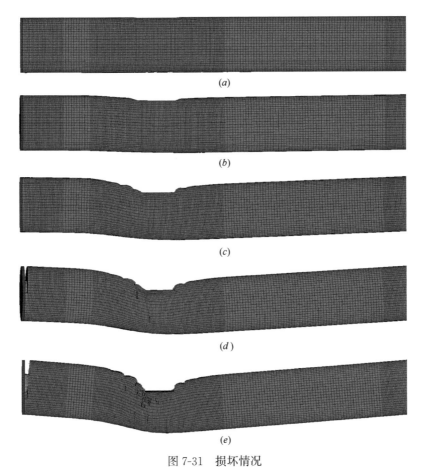

图 7-31　损坏情况

（a）质量 $m=100\mathrm{kg}$；（b）质量 $m=200\mathrm{kg}$；（c）质量 $m=300\mathrm{kg}$；（d）质量 $m=400\mathrm{kg}$；（e）质量 $m=500\mathrm{kg}$

从图 7-29 冲击力—时程曲线可以看出，随着冲击质量的增加，冲击力峰值会明显增大，但增长速度会逐渐减缓，尤其是在冲头质量增加到一定程度后。此外，随着冲击质量的增加，冲击力平台值阶段的冲击力也会增大，并且冲击作用的时间也会随之增加。这是因为较大的质量使得冲击力更加强劲，能够对物体施加更大的压力和损伤，同时增加了冲击力维持的时间，影响物体响应和损伤的程度。分析图 7-30 位移—时程曲线可以发现，当冲击质量较小时跨中位移—时程曲线有明显的跨中位移最大值和残余位移值，受冲击的破坏形式为明显的整体受弯破坏形式，当冲击质量增大到一定程度，跨中位移—时程曲线下降段变小时，即叠合柱没有回弹阶段，跨中位移直接达到最大值，叠合柱破坏形式为局部剪切破坏。从图 7-31 中可以看出，冲击质量的变化对构件的破坏形式有显著影响，当冲击质量达到 300kg 时，冲击位置混凝土破坏较严重，发生较大位移，简支端开始出现破坏；当质量继续增大，达到 400kg 时，构件局部变形较大，冲击位置混凝土破坏严重，固支端和简支端断裂破坏。

7.2.9　配筋率的影响

配筋率是指叠合柱钢管外部钢筋混凝土部分的纵筋配筋率，配筋率大小由公式：$\rho_s = A_s / A_c$ 确定，A_s 表示叠合柱横截面中纵向钢筋的截面面积，A_c 表示叠合柱外部钢筋混凝土的截面面积。当改变纵向钢筋的直径时，会导致配筋率的变化，通过改变纵筋直径分别对 $\rho_s = 1.1\%$、$\rho_s = 1.6\%$、$\rho_s = 2.6\%$ 和 $\rho_s = 3.6\%$ 进行了研究。不同配筋率的冲击力—时程曲线及位移—时程曲线如图 7-32 和图 7-33 所示。叠合柱损坏情况如图 7-34 所示。

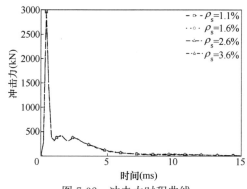

图 7-32　冲击力时程曲线

分析图 7-32 冲击力—时程曲线，可以发现随着配筋率的增加冲击力峰值有微小增加，整个曲线趋势几乎完全相同。从图 7-33 跨中位移—时程曲线可以看出，随着配筋率的增加叠合柱跨中位移最大值明显减小，残余位移值也随着配筋率的增加有明显的减小。配筋率的增加使叠合柱整体的抗变形能力得到了提升。

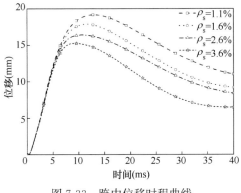

图 7-33 跨中位移时程曲线

从图 7-34 中可以看出配筋率的变化对构件的破坏形式影响很小。

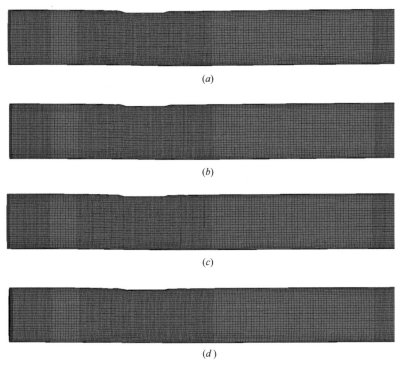

(a)

(b)

(c)

(d)

图 7-34 损坏情况

（a）配筋率 $\rho_s=1.1\%$；（b）配筋率 $\rho_s=1.6\%$；（c）配筋率 $\rho_s=2.6\%$；（d）配筋率 $\rho_s=3.6\%$

7.3 本章小结

本章通过有限元软件 ANSYS/LS-DYNA 对中空钢管混凝土叠合柱受冲击荷

载作用下的力学性能进行了初步研究，模拟了叠合柱受冲击荷载作用的工作机理。通过分析冲击力—时程曲线和位移—时程曲线，得出叠合柱的受力机理以及不同参数变化对叠合柱抗冲击性能的影响。其主要结论如下：

（1）本章通过对冲击速度为 15m/s 的中空钢管混凝土叠合柱的应力损伤云图进行分析，结合冲击力—位移曲线和冲头—叠合柱的速度时程曲线对叠合柱在冲击荷载作用下的结构响应和破坏形式进行了分析，发现叠合柱在受到冲击荷载作用时，冲击部位、固支端上部和简支端处破坏最为严重。并得出了相应的冲击力—位移曲线，发现冲击力—位移曲线有明显的平台值阶段，表明叠合柱有明显的塑性变形耗能阶段，表现出良好的抗冲击性能。

（2）对叠合柱各组成部分的内能进行了分析，在叠合柱中，外部混凝土扮演着保护内部钢管的角色，可以有效地抵御外界环境和动力载荷的侵害，并为内部钢管提供额外的防护层。而内部钢管则起到支撑外部混凝土的作用，可以增强叠合柱的整体强度和稳定性，保证其在复杂的工程环境中始终能够承担外界荷载并保持稳定状态。叠合柱在冲击荷载作用下各组成部分都能起到很好的耗能作用。

（3）对钢管混凝土叠合柱进行了 38 组参数化分析，其中冲击速度、冲头质量两个参数的变化对冲击过程及破坏形式影响较大，冲击速度和冲击质量相对于叠合柱来说都是外部参数变量，当冲击速度或冲击质量增大时，冲击力峰值随之增大，冲击作用时间也会延长，导致构件受冲击作用的时间更长，位移最大值和残余位移数值也随着冲击速度和冲击质量的增大而增大，当增大到一定程度时，叠合柱的破坏形式由最初的整体受弯破坏，变为局部的剪切破坏。当冲头的位置发生变化，其他参数不变的情况下，可以发现当冲击位置作用在跨中时，叠合构件的跨中位移峰值和残余位移值都大于其他三种情况（即冲头位置为柱脚、柱长 1/3 和柱长 2/3 处），表明在冲击荷载作用下跨中是叠合柱相对薄弱的位置。当冲击位置作用在分别距离柱头（简支）柱脚（固支）相同距离的位置时，发现距离固支端处近的跨中位移最大值和残余位移值均大于靠近简支端处。

（4）中空钢管混凝土叠合柱纵筋配筋率的提升，使叠合柱的跨中位移最大值和残余位移明显减小，配筋率的提升使叠合柱本身抗冲击的变形性能有显著提升。

8

中空钢管混凝土叠合柱在冲击荷载作用下的损伤评估研究

柱作为结构的主要承重构件，其对于结构整体的抗冲击性能起着举足轻重的作用，如果柱在冲击荷载作用下发生破坏，柱丧失竖向承载能力，从而导致结构整体的损毁坍塌，这将对人类的生命财产造成无法估计的损失。为了避免类似的情况发生，本章对中空钢管混凝土叠合柱在冲击荷载作用下的损伤程度进行研究。

本章在上一章研究的基础之上，对中空钢管混凝土叠合柱在冲击荷载作用下的损伤评估进行研究。评估准则中定义损伤准则是用数学表达式来描述材料、构件或结构的破坏程度，通常将其表示为动力响应指标的函数形式。这个表达式具有无量纲性、非线性和存在损伤阈值等特点，能够相对准确地预测和评估材料或结构在不同载荷和环境下的损伤状态和破坏程度。损伤指标通常取值在 $0\sim1$ 之间，其中 0 表示没有发生损伤或没有损伤，1 表示完全失效或者损伤非常严重。通过对损伤准则进行分析和优化，可以更好地理解材料和结构的性能特点，制定合理的防护和维修策略，从而延长其使用寿命或保障其安全性。当 D 的取值等于 0 时，代表结构没有损伤破坏的情况；当 D 等于 1 时，表示构件完全破坏，当在 $0\sim1$ 之间时表示存在不同程度的损伤，因此需要对损伤程度进行定量的分析。目前应用广泛的有基于最大位移的损伤评估指标和基于力的损伤评估指标两种力学评估参数，其中一种是基于最大位移而得出的指标。这个指标可以进一步拆分为支座转角和延性比两个无量纲的指标，以更加准确地表示材料或结构的损伤程度。支座转角通常是指材料或构件在承受外界载荷作用时产生的最大转角，是一种反映结构塑性变形特性的评估指标。而延性比则是用承载能力的损失程度来衡量结构的耐久性能，通常用最大位移与结构弹性极限位移之比来计算。这两个指标都是无量纲的，能够量化地表示材料或结构的损伤状态和破坏程度，是工程中常用的损伤评估指标。本章结合前文的分析，选取损伤评估的参数，明确损伤评估准则，建立基于竖向承载力的损伤评估方法。通过重启动的方式，获得叠合柱剩余承载力，建立损伤评估曲线。

8.1 主控变量的选取

通过第 7 章对中空钢管混凝土叠合柱的参数化分析发现，对于叠合柱这类结构，在进行损伤评估时，冲击速度和冲击质量是会对其损伤程度产生较大的影响的。因此，在对中空钢管混凝土叠合柱进行损伤评估时，应该选择其中对构件损伤程度影响较大的参数作为主控变量，具体可以考虑动能或动量等损伤指标。同时，在考虑冲击荷载对结构或者构件的偶然荷载作用时，应该结合场景和环境等因素。损伤评估的目的就是通过对结构或者构件在遭受偶然荷载作用后的损伤破坏情况进行定量分析评估，从而在结构的设计环节对结构构件的抗冲击性能进行优化设计，进而使结构的抗冲击性能得到提升，因此，结合第 7 章参数分析的结果，本文从承载能力的角度出发，选择冲击速度和冲击质量作为中空钢管混凝土叠合柱在冲击荷载作用下损伤评估的主控变量。基于此，建立一种有效的损伤评估方法，以准确预测和评估该结构在不同冲击荷载作用下的损伤破坏程度及其对结构承载能力的影响。

8.2 基于剩余承载能力的损伤评估准则

8.2.1 损伤评估参数的选取

损伤评估参数的选取尤为重要，参数的选取直接影响损伤评估的准确性。参照钢管混凝土柱的损伤评估准则，对于中空钢管混凝土叠合柱损伤评估参数应满足以下要求：

损伤评估参数需要适用于冲击荷载作用下中空钢管混凝土叠合柱全部的损伤破坏情况；能反映中空钢管混凝土叠合柱损伤特性的损伤评估参数要易于获取，可以试验或者有限元分析的方式获取，例如最大位移、损伤面积等；损伤评估准则要能够准确判断中空钢管混凝土叠合柱的整体损伤特性和局部的变形及破坏，而不是仅仅只考虑其中单一的情况。

中空钢管混凝土叠合柱在冲击荷载作用下的破坏形式，有整体破坏、局部破坏和其他不同程度的变形。当叠合柱的外部混凝土未发生开裂、内部钢管未出现断裂等现象时，通过构件位移最大值、支座处转角或延性比能够直接反映其损伤情况。当外部混凝土破碎或者内部钢管断裂等破坏形式出现时，构件的破坏形式发生变化，构件的位移最大值、支座处转角或延性比就不能很好地反映出构件的损伤程度。考虑到叠合柱通常为结构的重要承重构件，主要承受竖向荷载作用，其损伤程度可以通过叠合柱竖向承载能力的变化很好地反馈出来，因此叠合柱的剩余承载能力可以作为损伤评估的参数，该参数不受叠合柱破坏形式的影响并且能够很好地反映出叠合柱的整体性能，该参数也能够较容易地通过试验或数值分析的方式获得。

8.2.2 损伤评估指标的确定

由于叠合柱在实际应用中主要承受竖向压力的作用，所以依据剩余承载能力的损伤评估指标需要考虑叠合柱受冲击前的竖向承载能力和受到冲击荷载作用后的剩余承载能力，基于剩余承载能力的损伤评估指标[113] 如下：

$$D = 1 - \frac{N'}{N} \tag{8-1}$$

式中 N'——中空钢管混凝土叠合柱受冲击荷载作用后的剩余承载力；

N——中空钢管混凝土叠合柱的竖向承载能力。

由公式可以发现，叠合柱的损伤评估指标 D 的大小在 0～1 变动，叠合柱的剩余承载能力越大，损伤程度 D 的值越小，叠合柱的损伤程度越轻；与之相反，叠合柱的剩余承载能力越小，损伤程度 D 的值越大，叠合柱的损伤程度越重。因此 D 值的大小可以很好地反映损伤程度的大小，在进行中空钢管混凝土叠合柱的损伤评估时，可以采用基于竖向剩余承载能力的损伤评估指标 D 值。该指标能够量化地反映该结构在受到冲击荷载作用后的损伤程度，并通过与结构的设计承载能力进行比较，提供一个可靠的评估结果。由于竖向剩余承载能力是一个反映结构承载能力的重要指标，因此在采用基于该指标的损伤评估方法时能够更具全面性和准确性。

8.2.3 损伤等级的评定

无论是通过试验的方式还是数值模拟的方式，竖向剩余承载力都能比较容易得到，因此经常在损伤评估中被用到，基于剩余承载力的损伤评估的损伤等级见表8-1。

基于剩余承载力损伤评估的损伤等级　　　　　　　　　表 8-1

构件类型	荷载类型	轻度损伤	损伤等级		破坏失效
			中度损伤	重度损伤	
钢筋混凝土柱[96]	爆炸荷载	$D \leqslant 0.2$	$0.2 < D \leqslant 0.5$	$0.5 < D \leqslant 0.8$	$D > 0.8$
钢管混凝土柱[112]	爆炸荷载	$D \leqslant 0.2$	$0.2 < D \leqslant 0.5$	$0.5 < D \leqslant 0.8$	$D > 0.8$
钢筋混凝土柱[105]	冲击荷载	$D \leqslant 0.2$	$0.2 < D \leqslant 0.4$	$0.4 < D \leqslant 0.7$	$D > 0.7$
钢管混凝土柱[106]	冲击荷载	$D \leqslant 0.3$	$0.3 < D \leqslant 0.5$	$0.5 < D \leqslant 0.7$	$D > 0.7$

因此可以发现损伤评估等级的划分由于构件形式、荷载类型和荷载的加载方式的不同而有所不同，因此本章节以第 3 章研究为基础，通过对有限元分析所得到 10 组构件的损伤程度和指标 D 进行归纳分析，见表 8-2。以此为基础建立中空钢管混凝土叠合柱冲击位置在 1/3 跨处的损伤评估等级。其中 m 代表冲击质量，v 代表冲击速度，例如 m166v5 表示冲头质量为 166kg 速度为 5m/s。

损伤指标分析 　　　　　　　　　　　　　　表 8-2

构件编号	损伤变形	挠度最大值 (mm)	损伤等级	初始承载力 N(kN)	剩余承载力 N'(kN)	损伤度
m166v5	轻度变形	2.73	轻度	1650.654	1539.589	0.067
m166v10	轻度变形	7.56	轻度	1650.654	1205.056	0.270
m100v15	轻度变形	7.90	轻度	1650.654	1196.600	0.275
m166v15	中度变形	17.59	中度	1650.654	1059.206	0.358
m200v15	中度变形	23.12	中度	1650.654	904.997	0.452
m166v20	较大变形	35.76	重度	1650.654	705.595	0.573
m300v15	较大变形	46.32	倒塌	1650.654	480.987	0.709
m166v25	冲击位置严重破坏，柱头柱脚破坏	85.45	倒塌	1650.654	210.026	0.873
m400v15	冲击位置严重破坏，柱头柱脚破坏	98.62	倒塌	1650.654	207.887	0.874
m500v15	冲击位置严重破坏，柱头柱脚破坏	142.51	倒塌	1650.654	142.547	0.914

根据表 8-2 可以大致分析出中空钢管混凝土叠合柱的损伤评估等级，见表 8-3。

损伤评估等级 　　　　　　　　　　　　　　表 8-3

D	$0.0 \leqslant D < 0.3$	$0.3 \leqslant D < 0.5$	$0.5 \leqslant D < 0.7$	$0.7 \leqslant D \leqslant 1.0$
损伤程度	轻度	中度	重度	倒塌

8.3　初始竖向承载力

目前对普通形式钢筋混凝土和钢管混凝土等结构形式的柱子的竖向承载力的研究已经有了较为完善的体系，如钟善桐[114]、韩林海[115] 等人。竖向承载力可以通过理论计算方法较容易获得，但目前对中空钢管混凝土叠合柱的竖向承载能力的研究相对较少，并没有形成完善的体系来提供参考。所以本文采用有限元分析的方式来获取中空钢管混凝土叠合柱的竖向承载力。

　　本文采用的 ANSYS/LS-DYNA 软件为显式动力学计算软件，对叠合柱进行拟静力 push-down 加载分析，以获得叠合柱的竖向承载力，因此在使用 LS-DY-NA 显式求解器进行拟静力分析时，应尽量消除动力效应的影响，比如忽略材料的应变率影响、使用相对较小的加载速率等。

　　本节采用位移控制进行加载，对柱头钢板施加竖向的位移荷载，柱脚处采用固接方式，柱顶简支，为了使加载速率相对较小，但又不至于使得求解时间过长，将求解终止时间设置为 1000ms。

　　经过有限元分析，叠合柱的初始竖向承载力为 $N = 1650.654kN$。

8.4　竖向剩余承载力

　　目前对于剩余承载力的获取方式主要有两种方式，一种是通过试验的方式获取，另一种是通过有限元分析的方式获取。评估中空钢管混凝土叠合柱损伤需要投入大量的人力物力，并且需要较长的试验周期，从而导致成本较高、效率较低等问题。因此，可以考虑采用计算机仿真技术来进行损伤评估，通过对结构的有限元模型进行分析，模拟结构在不同冲击荷载下的响应和损伤特征，并从模拟结果中得出结构的损伤程度，进而评估结构的实际承载能力。这种方法的优点在于不仅成本较低、效率较高，而且可以更加精细地分析结构的损伤机理和性能特点，提供更准确和可靠的评估结果。因此采用有限元分析的方式是可靠合理的选择，利用 ANSYS/LS-DYNA 的完全重启动功能来计算中空钢管混凝土叠合柱在冲击荷载作用后的剩余承载力。

　　完全重启动是中空钢管混凝土叠合柱在冲击荷载作用的基础上进行的，相比较于最初的冲击过程，完全重启动过程要更加繁琐，整个分析过程如下：

　　（1）冲击分析过程。中空钢管混凝土叠合柱作为主要的承重构件，在实际工程中要承受其上部结构荷载的作用，为了较为真实地还原中空钢管混凝土叠合柱的受力情况。对叠合柱的轴向施加轴向压力，预加轴向压力属于静力学分析的部分，本文采用拟静力分析的方式对叠合柱施加轴力，图 8-1（a）为对叠合柱施加轴力的示意图。中空钢管混凝土叠合柱受冲击荷载作用模型与第 3 章的建模方法相同，建立冲头模型赋予冲击速度，如图 8-1（b）所示。

　　（2）轴向位移荷载的施加。冲击过程完成后，将冲头模型删除，通过对关键字 K 文件进行修改，增加应力初始化关键字，对中空钢管混凝土叠合柱进行应力初始化，然后在叠合柱轴向施加位移荷载，如图 8-1（c）所示，并添加相应的关键字以用于叠合柱剩余承载力的输出。

　　（3）轴向剩余承载力的提取。对修改后的关键字进行计算求解，使用后处理软件对计算的结果进行后处理，可以获得叠合柱的抗力时程曲线，叠合柱的损伤

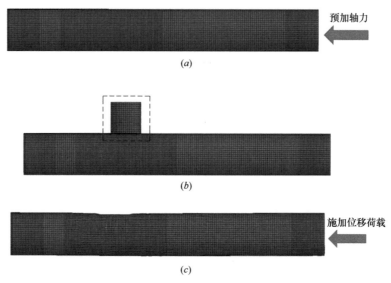

图 8-1　有限元分析过程示意图

（a）施加轴力；（b）施加冲击荷载；（c）施加位移荷载

程度不同所对应的抗力时程曲线就会有差异，叠合柱的破坏模式也有所不同，因此，根据抗力时程曲线获得叠合柱的剩余承载力。

8.5　中空钢管混凝土叠合柱损伤曲线建立

本文通过对 37 组的数值分析模型进行分析计算，保证冲击质量的不变，通过改变冲击速度使叠合柱的损伤评估指标 D 的值接近损伤临界值（0.3、0.6 或 0.8），最后对所得到的有限元分析数据所对应的（m，v）进行拟合得到损伤评估曲线，所得到的曲线能够直接体现出冲击质量和冲击速度与中空钢管混凝土叠合柱损伤程度的关系，将所得到的质量与速度所对应的点（m，v）整理到表 8-4～表 8-6 中。最终将所得到的点拟合成关于 m-v 损伤评估曲线。最终损伤评估曲线如图 8-2 所示。

损伤指标 D＝0.3 数据点　　　　　　　表 8-4

冲击质量 m(kg)	冲击速度 v(m/s)	初始承载力 N (kN)	剩余承载力 N' (kN)	损伤度 D
10	31.7	1650.654	1152.156	0.302
20	26.9	1650.654	1162.060	0.296
30	22.9	1650.654	1150.506	0.303
40	21.9	1650.654	1157.108	0.299

续表

冲击质量 m(kg)	冲击速度 v(m/s)	初始承载力 N （kN）	剩余承载力 N' （kN）	损伤度 D
50	20.1	1650.654	1147.205	0.305
60	18.9	1650.654	1168.663	0.292
70	17.5	1650.654	1168.663	0.292
80	16.4	1650.654	1162.060	0.296
100	15.9	1650.654	1145.553	0.306
120	14.9	1650.654	1158.759	0.298
135	14.3	1650.654	1148.855	0.304
150	13.9	1650.654	1153.807	0.301

损伤指标 D＝0.5 数据点　　　　　　　　　　　　表 8-5

冲击质量 m(kg)	冲击速度 v(m/s)	初始承载力 N(kN)	剩余承载力 N'(kN)	损伤度 D
40	31.1	1650.654	818.724	0.504
50	27.6	1650.654	822.026	0.502
60	25.2	1650.654	838.532	0.492
70	24.0	1650.654	826.978	0.499
80	22.2	1650.654	817.074	0.505
90	21.4	1650.654	840.183	0.491
100	20.7	1650.654	840.183	0.491
120	19.0	1650.654	820.375	0.503
140	17.7	1650.654	831.930	0.496
160	16.9	1650.654	838.532	0.492
180	16.3	1650.654	835.231	0.494

损伤指标 D＝0.7 数据点　　　　　　　　　　　　表 8-6

冲击质量 m(kg)	冲击速度 v(m/s)	初始承载力 N(kN)	剩余承载力 N'(kN)	损伤度 D
60	39.4	1650.654	491.895	0.702
70	37.3	1650.654	496.847	0.699
80	35.5	1650.654	501.799	0.696
90	34.2	1650.654	491.895	0.702
100	33.2	1650.654	491.895	0.702
110	32.2	1650.654	506.751	0.693

续表

冲击质量 m(kg)	冲击速度 v(m/s)	初始承载力 N(kN)	剩余承载力 N'(kN)	损伤度 D
120	31.3	1650.654	496.847	0.699
130	30.6	1650.654	503.449	0.695
140	30.1	1650.654	485.292	0.706
150	29.4	1650.654	493.546	0.701
160	29.0	1650.654	498.498	0.698
180	27.2	1650.654	503.449	0.695
200	26.6	1650.654	500.148	0.697

从图 8-2 可以发现整张图被损伤指标 D 所拟合成的曲线大致分为四个区域，分别代表着中空钢管混凝土叠合柱受冲击荷载作用后的不同损伤程度。其中在曲线 $D=0.3$ 下部时，构件本身损伤很轻，受冲击后轻度损伤；在曲线 $D=0.3$ 和 $D=0.5$ 之间时，构件冲击部位混凝土受压出现轻微破坏，构件处于中度损伤状态；在曲线 $D=0.5$ 和 $D=0.7$ 之间时，冲击部位混凝土被压碎，构件挠度较大，构件处于重度损伤状态；在曲线 $D=0.7$ 上部区域时，冲击部位混凝土破坏非常严重，构件挠度值很大，构件固支端和简支端发生破坏，构件局部破坏严重，完全丧失了竖向承载能力，退出工作。

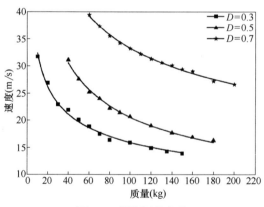

图 8-2　损伤评估曲线

综上所述，在对中空钢管混凝土叠合柱进行损伤程度的评估时，可以根据冲头的质量和速度在损伤评估曲线中的位置来判断构件的损伤程度。

8.6　本章小结

本章通过有限元分析的方式，结合现有对构件损伤评估的研究，对中空钢管混凝土叠合柱的损伤评估方法进行了研究，本章研究总结如下：

（1）本章首先通过有限元软件 ANSYS/LS-DYNA 对 10 组不同工况下的中空钢管混凝土叠合柱进行了分析，确定了损伤评估等级，然后保证主控变量冲击质量的不变，通过控制冲击速度的变化，使损伤值 D 接近 0.3、0.5 和 0.7 分界值，最后将损伤值所对应的主控变量值（m，v）进行曲线拟合，得到三曲线四区域的损伤评估曲线，分别对应轻度损伤、中度损伤、重度损伤和倒塌破坏，因此，可以通过冲击速度和冲击质量的值对中空钢管混凝土叠合柱在冲击荷载作用下的损伤程度进行评估判定。

（2）本章所采用的损伤评估方法，可以为其他结构形式的损伤评估作为参考依据。

结论与展望

9.1 结论

中空钢管混凝土叠合柱作为一个新兴的构件类型,在高层建筑、路桥、电塔等方面有着广阔的使用前景。为了确保中空钢管混凝土叠合柱在受到爆炸荷载作用时的安全性,须对其动态响应进行分析,通过控制变量法进行对比验证,找到影响中空钢管混凝土叠合柱抗爆性能的关键因素,并对其进行逐一分析。

通过有限元分析软件对中空钢管混凝土叠合柱在受到爆炸荷载作用时的动态响应进行计算,并考虑爆炸荷载作用时中空钢管和混凝土之间的相互作用,以及结构的非线性和失稳特性。

另外,针对构件损伤破坏后的损伤评估研究现状进行了总结,明确了本书的研究目的和意义。总结分析现有研究成果,选取在冲击荷载作用下混凝土和钢材的动荷载参数及本构材料模型,混凝土采用 MAT72_R3 塑性损伤模型,钢材采用双线性随动塑性材料模型 MAT_3,两个模型能够很好地考虑冲击荷载作用下材料的应变率效应,采用分离式建模的方式与现有试验数据进行了对比,验证了有限元建模的有效性。随后对中空钢管混凝土叠合柱在冲击荷载作用下的动态响应进行研究,对冲击速度 15m/s 情况下的冲击过程进行了描述,对中空钢管混凝土叠合柱内能分布进行了分析。通过控制参数变化,对不同参数变化对中空钢管混凝土叠合柱动态响应的影响进行了分析。接下来对中空钢管混凝土叠合柱进行损伤评估研究,通过对中空钢管混凝土叠合柱的参数分析,选取冲击质量和冲击速度为损伤评估的主控变量,对 10 组有限元数据进行总结分析,确定损伤评估等级 D,最后,通过对 37 组数据进行有限元分析试算,拟合出损伤评估曲线。本文通过有限元模拟法对中空钢管混凝土叠合柱进行抗爆、抗冲击分析,主要研究成果如下:

（1）中空钢管混凝土叠合柱作为一种先进的新型结构形式，与传统钢筋混凝土柱相比，多了内置空心钢管，可以节约钢材使用的同时还可以采用轻质骨料减少混凝土用量，减轻结构自重，并且其抗震性能也要优于传统钢筋混凝土柱，可以承受更大的地震力和动态荷载。在构造上来说更加简单，施工过程中不需要进行复杂的钢筋绑扎工作，大大减少了施工难度和施工周期。由于内置钢管的抗剪性，使得中空钢管混凝土叠合柱的抗爆性能大幅增加，文中对比两者破坏形式，中空钢管混凝土叠合柱的跨中挠度与承载能力都要更强。

（2）在研究影响中空钢管混凝土叠合柱的抗爆因素时，通过改变构件长细比、钢管厚度、钢管直径、混凝土强度等级以及爆炸荷载大小等物理量，来观察对结构的具体影响。对中空钢管混凝土叠合柱在 Z（比例距离）$=0.4\mathrm{m/kg^{1/3}}$ 地面爆炸下动态响应进行数值模拟结果分析，包括跨中挠度、破坏形式、最大应力等。随着长细比的增大，结构的跨中挠度、竖向荷载以及外表破坏形式皆处于增大的形式；随着钢管厚度的增加，钢管的承载力与抗弯强度也有所增加，因此结构的抗爆性能也有所增强；随着钢管直径的增加，在混凝土柱截面面积不变的情况下，结构混凝土减少，结构稳定性变差，导致结构抗爆性能也随之变差；随着混凝土强度的增强，结构的抗压强度增大，高强度混凝土能够减少一些爆炸荷载所带来的冲击，降低结构破坏面积，大大增强了结构的抗爆性能；随着炸药尺寸的增大，爆炸荷载也随之增大，作用在结构上的荷载也增大，结构出现明显的碎裂，甚至失稳，导致抗爆性能变差，而当受到小爆炸荷载时，结构表现出良好的性能，仅在端部和爆炸处发生轻微破坏，爆炸所产生的混凝土裂缝相较于大爆炸荷载也减少了许多。

（3）在探究爆炸荷载作用后中空钢管混凝土叠合柱的剩余承载能力时，通过三组不同物理变量的工况，分别进行爆炸后的重启动分析，对比三组工况柱子的初始承载力与其爆炸后剩余承载力，并进行损伤评估，得出爆炸荷载对中空钢管混凝土叠合柱的承载力影响大小，并观测了中空钢管混凝土叠合柱的承载重量与影响程度，从而判断试件在遭遇爆破后仍剩余着较多的承载重量与储备。

（4）利用有限元分析软件 ANSYS/LS-DYNA 对中空钢管混凝土叠合柱在冲击速度为 15m/s 荷载作用下的动态响应进行分析，得到了中空钢管混凝土叠合柱在冲击荷载作用下的损伤云图，发现当中空钢管混凝土叠合柱在遭受冲击荷载作用后，冲击位置附近、固支端和简支端损伤最为严重。通过对中空钢管混凝土叠合柱的冲击力—时程曲线、跨中位移—时程曲线及冲击力—位移曲线分析，曲线有明显的平台值阶段，表明构件在整个受冲击过程中有良好塑性耗能阶段，在冲击荷载作用下表现出良好的抗冲击性能。通过对中空钢管混凝土叠合柱的内能分布分析，外部混凝土对内部钢管起到保护作用，内部钢管对混凝土起到支撑作用，叠合柱在冲击荷载作用下各组成部分都能起到很好的耗能作用，该构件各组成部分内能分布合理，各部件都表现出良好的耗能效果。

（5）对钢管混凝土叠合柱进行了 38 组参数化分析，其中冲击速度、冲头质量两个参数的变化对冲击过程及破坏形式影响较大，冲击速度和冲击质量相对于叠合柱来说都是外在作用条件，当冲击速度或冲击质量增大时，冲击力峰值随之增大，冲击力作用时间也增大，跨中位移最大值和残余位移值也随着冲击速度和冲击质量的增大而增大。当两个外部参数增大到一定程度时，叠合柱的破坏形式由最初的局部受压破坏，变为局部的剪切断裂破坏。其中内部参数纵筋配筋率的变化对叠合柱抗冲击性能影响较为显著，纵筋配筋率的提升使构件跨中位移最大值和残余位移值明显减小，配筋率的提升使中空钢管混凝土叠合柱本身抗冲击的变形性能有显著提升。当冲头的位置发生变化，其他参数不变的情况下，可以发现当冲击位置作用在跨中时，叠合构件的跨中位移峰值和残余位移值都大于其他三种情况（即冲头位置为柱脚、柱长 1/3 处和柱长 2/3 处），表明在冲击荷载作用下跨中是叠合柱相对薄弱的位置。当冲击位置作用在分别距离柱头（简支）柱脚（固支）相同距离的位置时，发现距离固支端处近的跨中位移最大值和残余位移值均大于靠近简支端处。

（6）本文通过有限元分析的方式，对受冲击荷载作用后的中空钢管混凝土叠合柱的损伤评估进行了研究，采用基于剩余承载力的方式进行损伤评估研究，通过对构件的动态响应分析，确定了以冲击速度和冲击质量为主控变量，对 10 组不同工况下的中空钢管混凝土叠合柱进行了分析，确定了损伤评估等级 $D=0.3$、$D=0.5$ 和 $D=0.7$，拟合出了中空钢管混凝土叠合柱在冲击荷载作用下的损伤评估曲线，得到三曲线四区域的损伤评估曲线。当 (m, v) 在曲线 $D=0.3$ 左下方时，构件为轻度损伤；当 (m, v) 在曲线 $D=0.3$ 和 $D=0.5$ 之间时，构件为中度损伤；当 (m, v) 在曲线 $D=0.5$ 和 $D=0.7$ 之间时，构件为重度损伤；当 (m, v) 在曲线 $D=0.7$ 右上方区域时，构件丧失承载能力，发生严重倒塌破坏。本文所建立的损伤评估曲线，可以通过冲击速度和冲击质量的值对中空钢管混凝土叠合柱在冲击荷载作用下的损伤程度进行评估判定，本文所采用的损伤评估方法，可以为其他结构形式的损伤评估作为参考依据。

9.2　展望

本书采用有限元模拟的方法对中空钢管混凝土叠合柱在冲击荷载作用下的力学性能进行了初步研究，获得了部分成果，有部分问题仍需继续进行研究：

（1）钢筋与混凝土之间的粘结滑移对计算结果的影响。本文采用固接的方式将钢筋和混凝土固接在一起，并没有考虑二者间的粘结滑移，钢筋与混凝土之间的粘结滑移的影响需要进一步研究。

（2）中空钢管混凝土叠合柱受冲击荷载作用的加固防护研究。通过本文研究发现，中空钢管混凝土叠合柱在冲击荷载作用下发生破坏，冲击位置及两个支座处破坏最为严重，导致整个构件丧失承载能力，失效破坏，为此需要提出一种加固防护方法，来提升中空钢管混凝土叠合柱的抗冲击性能。

（3）损伤评估曲线理论公式。对损伤评估曲线进行理论研究，提出相应的计算公式，方便理论计算。

（4）中空钢管混凝土叠合柱初始竖向承载力计算公式。通过理论分析推导出中空钢管混凝土叠合柱的初始竖向承载力计算公式。

另外，中空钢管混凝土叠合柱是一种新型建筑构件形态，具备较高的抗爆特性、承载能力和耐久性，在未来具有更广泛的使用前景。

（1）应用领域的扩大：中空钢管混凝土叠合柱可以广泛应用于各类建筑结构中，例如高层建筑、桥梁、隧道、厂房等，未来应用领域将会不断扩大。

（2）技术的不断创新：中空钢管混凝土叠合柱的制造和施工技术不断创新和改进，例如采用更高性能的混凝土和更优质的钢材，进一步提高结构的强度和耐久性。

（3）环保节能：中空钢管混凝土叠合柱在生产、使用和废弃过程中都具有很好的环保节能性，例如采用轻质骨料减少混凝土用量、减少钢材使用量等，符合未来可持续发展的趋势。

（4）国家政策支持：随着国家对建筑节能、环保和安全性要求的不断提高，中空钢管混凝土叠合柱作为一种新型结构形式，将会得到更多的政策支持和推广。

综上所述，作为新兴组合结构的中空钢管混凝土叠合柱具有广阔的应用前景，未来将会不断得到技术创新和政策支持，成为建筑行业中的一种主流结构形式。

参 考 文 献

[1] 王广勇，韩林海，余红霞. 钢筋混凝土梁—钢筋混凝土柱平面节点的耐火性能研究 [J]. 工程力学，2010，27 (12)：164-173.

[2] 田力，朱聪. 碰撞冲击荷载作用下钢筋混凝土柱的损伤评估及防护技术 [J]. 工程力学，2013，30 (09)：144-150，157.

[3] 李秋明，马颖慧，于俊鹏. 火灾下钢筋混凝土受压构件高温性能研究综述 [J]. 河南科技，2015，(23)：90.

[4] 朱晓航. 中空型钢混凝土柱偏心受压性能研究 [D]. 西安：西安建筑科技大学，2015.

[5] 林琛，徐建军，杨晋伟，等. 基于 HJC 模型的钢筋混凝土侵彻仿真失效准则与参数 [J]. 探测与控制学报，2017，39 (02)：100-105.

[6] 孙仁楼，叶燕华，黄晖，等. 钢筋混凝土叠合板结构体系 [J]. 江苏建筑，2010，(06)：22-24.

[7] 尹万云，金仁才，袁方，等. 钢筋混凝土/ECC 组合梁—柱节点抗震性能的试验研究 [J]. 江苏建筑，2012，(06)：15-18.

[8] 马祥林. 桁架钢筋混凝土叠合板的受力性能研究 [D]. 南京：东南大学，2017.

[9] 董志强，吴刚. 基于试验数据分析的 FRP 筋混凝土受弯构件最大裂缝宽度计算方法 [J]. 土木工程学报，2017，50 (10)：1-8.

[10] 杨墨，吕伟，包亮. 基于螺栓连接的新型钢筋混凝土框架装配式节点抗震性能研究 [J]. 工业建筑，2019，49 (08)：93-99.

[11] 王作虎，申书洋，崔宇强，等. CFRP 加固混凝土柱轴压性能尺寸效应试验分析 [J]. 哈尔滨工业大学学报，2020，52 (08)：112-120.

[12] 闫清峰，张纪刚，张宜聪，等. FRP 布加固钢筋混凝土短柱轴压性能试验研究 [J]. 混凝土与水泥制品，2022，(01)：64-70.

[13] Sherkar P, Whittaker A, Aref A. On the influence of charge shape, orientation and point of detonation on air-blast loading [J]. Structures Congress, 2014：68-73.

[14] 董义领. 爆炸荷载作用下钢筋混凝土柱的动力响应分析 [D]. 上海：同济大学，2008.

[15] Tan J K, Pan J Y, Yang H. Response analysis of SRC column subjected to blast loading [J]. Advanced Materials Research, 2013，(13)：190-193.

[16] Thiagarajan G, Kadambi A V, Robert S, et al. Experimental and finite element analysis of doubly reinforced concrete slabs subjected to blast loads [J]. International Journal of Impact Engineering, 2015，(75)：162-173.

[17] 闫俊伯，刘彦，李臻，等. 箍筋间距和轴压比对爆炸载荷作用下钢筋混凝土柱动态响应的影响 [J]. 兵工学报，2020，34 (12)：35-43.

[18] Shi Y, Stewart M G. Spatial reliability analysis of explosive blast load damage to reinforced concrete columns [J]. Structural Safety, 2015，(53)：13-25.

[19] 程小卫，李易，陆新征，等. 撞击荷载下钢筋混凝土柱动力响应的数值研究 [J]. 工

程力学，2015，25（01）：53-63.

[20] Conrad K，Abass B. Effects of transverse reinforcement spacing on the response of reinforced concrete columns subjected to blast loading［J］. Engineering Structures，2017，（22）：148-164.

[21] 赵武超，钱江. 冲击荷载下钢筋混凝土梁局部响应特征研究［J］. 湖南大学学报（自然科学版），2019，46（03）：25-32.

[22] Gholipour G，Zhang C，Mousavi A. Numerical analysis of axially loaded RC columns subjected to the combination of impact and blast loads［J］. Engineering Structures，2020，（8）：219-227.

[23] 姜天华，王威，杨云锋，等. 钢纤维混凝土箱梁在爆炸荷载作用下的动态响应［J］. 混凝土与水泥制品，2019，（09）：50-53.

[24] 孙珊珊，赵均海，贺拴海，等. 爆炸荷载下钢管混凝土墩柱的动力响应研究［J］. 工程力学，2018，35（05）：27-35.

[25] 吕辰旭，闫秋实，李亮. 近爆荷载作用下装配式钢筋混凝土柱抗爆性能及受损加固实验研究［J］. 爆炸与冲击，2023，（3）：1-16.

[26] 李晓东，蔡维沛，高立堂. 火灾后等肢L形型钢混凝土异形柱双向偏心受压力学性能研究［J］. 西安建筑科技大学学报（自然科学版），2016，48（03）：351-356.

[27] 柯晓军，苏益声，商效瑀，等. 钢管混凝土组合柱压弯性能试验及承载力计算［J］. 工程力学，2018，35（12）：134-142.

[28] 李昆明，陈联盟，吴冬雁，等. CFRP约束钢管混凝土柱偏压力学性能研究［J］. 复合材料科学与工程，2020，（12）：38-42.

[29] 李泉，周学军，李国强，等. T形方钢管混凝土组合异形柱偏压性能试验研究［J］. 土木与环境工程学报（中英文），2021，43（2）：102-111.

[30] 张素梅，李孝忠，卢炜，等. 钢管约束的钢管混凝土短柱轴压性能试验研究［J］. 建筑结构学报，2022，43（06）：21-33.

[31] Ji Sun-H，Wang W，Xian W，et al. Cyclic and monotonic behaviour of steel-reinforced concrete-filled steel tubular columns［J］. Thin-Walled Structures，2023，185.

[32] 周泽平，王明洋，冯淑芳，等. 钢筋混凝土梁在低速冲击下的变形与破坏研究［J］. 振动与冲击，2007，28（02）：100-103.

[33] 王蕊. 钢管混凝土结构构件在侧向撞击下动力响应及其损伤破坏的研究［D］. 太原：太原理工大学，2008.

[34] 张瑞坤，王兴国，葛楠，等. 侧向撞击作用下钢筋混凝土柱动力响应的有限元分析［J］. 工程抗震与改造加固，2009，32（01）：21-25.

[35] Thilakarathna H，Thambiratnam R P，Dhanasekar R，et al. Numerical simulation of axially loaded concrete columns under transverse impact and vulnerability assessment［J］. International Journal of Impact Engineering，2010，（37）：1100-1112.

[36] Alex M. Remennikov，Sih Ying Kong，Brian Uy. Response of foam- and concrete-filled square steel tubes under low-velocity impact loading［J］. Journal of Performance of Con-

structed Facilities，2011（25）：373-381.

[37] Al-Thairy H，Wang Y C. A numerical study of the behaviour and failure modes of axially compressed steel columns subjected to transverse impact [J]. International Journal of Impact Engineering，2011，（38）：732-744.

[38] Yousuf M，Uy B，Tao Z，et al. Transverse impact resistance of hollow and concrete filled stainless steel columns [J]. Journal of Constructional Steel Research，2013，（82）：177-189.

[39] Roller C，Mayrhofer C，Riedel W，et al. Residual load capacity of exposed and hardened concrete columns under explosion loads [J]. Engineering Structures，2013，（55）：66-72.

[40] Fujikura S，Bruneau M，Lopez-Garcia D. Experimental investigation of multihazard resistant bridge piers having concrete-filled steel tube under blast loading [J]. Journal of Bridge Engineering，2008，13（6）：586-594.

[41] 李国强，瞿海雁，杨涛春，等. 钢管混凝土柱抗爆性能试验研究 [J]. 建筑结构学报，2013，34（12）：69-76.

[42] 张智成. 钢管再生混凝土构件抗冲击性能研究 [D]. 大连：大连理工大学，2014.

[43] 赵均海. 钢管混凝土结构的爆炸冲击效应与损伤评估 [D]. 西安：长安大学，2015.

[44] 刘兰，李兴，程志，等. 长细比对 CFRP 约束钢管混凝土柱抗爆性能的影响 [J]. 四川建筑科学研究，2018，44（06）：51-56.

[45] 徐亚丰，金松. 钢骨—圆钢管高强混凝土组合柱偏心受压有限元分析 [J]. 沈阳建筑大学学报（自然科学版），2016，32（01）：40-50.

[46] 孙大威，徐迎，王鹏，等. CFFT 柱在爆炸荷载作用下动力响应数值模拟 [J]. 防护工程，2020，42（06）：18-23.

[47] 马骍，曾希，雷震，等. 轴向冲击荷载下 L 形截面钢管混凝土短柱受力性能 [J]. 科学技术与工程，2020，18（22）：3170-3178.

[48] 齐宝欣，阎石，张文新，等. 爆炸荷载作用下型钢混凝土柱的动力响应影响因素分析 [J]. 沈阳建筑大学学报（自然科学版），2018，26（11）：202-210.

[49] 王帅. 轴压比爆炸荷载钢骨—钢管混凝土柱动力响应分析 [J]. 大众标准化，2020，（24）：20-21.

[50] Hopkinson B. British ordnance board minutes，13565 [R]. British Ordnance Office，London，UK，1915.

[51] 张守中. 爆炸基本原理 [M]. 北京：国防工业出版社，1988.

[52] 李翼祺，马素贞. 爆炸力学 [M]. 北京：科学出版社，1992.

[53] Brode H. L. Numerical solution of spherical blast waves [J]. Journal of Applied Physics，American Institute of Physics，New York，1955，26（6）：766-775.

[54] Mills C. A. The design of concrete structure to resist explosions and weapon effects [C]. Proceedings of 1st International conference on concrete for hazard protections，Edinburgh，UK，1987：61-73.

[55] Henrych J. The dynamics of explosion and its use [M]. Amsterdam：Elsevier，1979.

[56] 李裕春，时党勇，赵远. ANSYS10.0LS-DYNA 基础理论与工程实践 [M]. 北京：中国水利水电出版社，2006.

[57] 时党勇，李裕春，张胜明. 基于 ANSYS/LS-DYNA8.1 进行显示动力分析 [M]. 北京：清华大学出版社，2011.

[58] Yan J，Liu Y，Xu Z，et al. Experimental and numerical analysis of CFRP strengthened RC columns subjected to close-in blast loading [J]. International Journal of Impact Engineering，2020，146：103720.

[59] 钢管混凝土结构技术规范 GB 50936—2014 [S]. 北京：中国建筑工业出版社，2014.

[60] 任庆新，魏秋宇，王鹏，等. 圆中空钢管混凝土叠合长柱轴压性能研究 [J]. 沈阳建筑大学学报（自然科学版），2022，38（03）：410-417.

[61] Shi Y，Hao H，Li Z. Numerical derivation of pressure-impulse diagrams for prediction of RC column damage to blast loads [J]. International Journal of Impact Engineering，2008，35（11）：1213-1227.

[62] 赵国藩，张德娟，黄承逵. 钢管混凝土增强高强混凝土柱抗震性能研究 [J]. 大连理工大学学报，1996，26（11）：23-26.

[63] 张雨. 核心钢管外包钢骨混凝土柱抗震性能数值分析 [D]. 秦皇岛：燕山大学，2012.

[64] 钱稼茹，康洪震. 钢管高强混凝土组合柱抗震性能试验研究 [J]. 建筑结构学报，2009，30（04）：85-93.

[65] Wang Z B，Han L H，Li W，et al. Seismic performance of concrete-encased CFST piers：experimental study [J]. Journal of Bridge Engineering，2016，21（4）：04015072.

[66] 孙继臣，蔡健. 核心高强钢管混凝土柱轴心受压的机理及计算 [J]. 山西建筑，2008，（11）：11-12.

[67] Han L H，An Y F. Performance of concrete-encased CFST stub columns under axial compression [J]. Journal of Constructional Steel Research，2014.

[68] 李明伦，王庆贺，任庆新，等. 方中空夹层钢管混凝土叠合构件抗弯性能研究 [J]. 沈阳建筑大学学报（自然科学版），2022，38（05）：804-812.

[69] L H，An Y F，Roeder C. Flexural performance of concrete-encased concrete-filled steel tubes [J]. Magazine of Concrete Research，2014，66（5）：249-267.

[70] 罗家谦，潘雪雯. 钢管混凝土短柱作为防护结构构件的性能 [J]. 清华大学抗震抗爆工程研究室，1986：23-26.

[71] 韩林海. 钢管混凝土结构—理论与实践 [M]. 北京：科学出版社，2007：98-112.

[72] 陈肇元，罗家谦，潘雪雯. 钢管混凝土短柱作为防护结构构件的性能 [D]. 北京：清华大学，1986.

[73] Thilakarathna H M I，Thambiratnam D P，Dhanasekar M，et al. Numerical simulation of axially loaded concrete columns under transverse impact and vulnerability assessment [J]. International Journal of Impact Engineering，2010，37（11）：1100-1112.

[74] Bambach M R, Jama H, Zhao X L, et al. Hollow and concrete filled steel hollow sections under transverse impact loads [J]. Engineering Structures, 2008, 30 (10): 2859-2870.

[75] Bambach M R. Design of hollow and concrete filled steel and stainless steel tubular columns for transverse impact loads [J]. Thin-Walled Structures, 2011.

[76] Qu H, Li G, Chen S, et al. Analysis of circular concrete-filled steel tube specimen under lateral impact [J]. Advances in Structural Engineering, 2011, 14 (5): 941-951.

[77] Saatci S. Behaviour and modelling of reinforced concrete structures subjected to impact loads [D]. University of Toronto (Canada), 2007.

[78] 张望喜, 单建华, 陈荣, 等. 冲击荷载下钢管混凝土柱模型力学性能试验研究 [J]. 振动与冲击, 2006, (05): 96-101+195.

[79] 王蕊. 钢管混凝土结构构件在侧向撞击下动力响应及其损伤破坏的研究 [D]. 太原: 太原理工大学, 2008.

[80] 刘斌. 侧向冲击两端固定钢管混凝土柱动力响应的试验研究与数值分析 [D]. 太原: 太原理工大学, 2008.

[81] 侯川川. 低速横向冲击荷载下圆钢管混凝土构件的力学性能研究 [D]. 北京: 清华大学, 2012.

[82] 任够平. 预加轴力的钢管混凝土构件受刚性块侧向冲击的动力响应分析 [D]. 太原: 太原理工大学, 2009.

[83] 丁发兴. 圆钢管混凝土结构受力性能与设计方法研究 [D]. 南京: 中南大学, 2006.

[84] 任晓虎. 钢管混凝土在火灾 (高温) 下及高温 (火灾) 后的抗冲击性能研究 [D]. 长沙: 湖南大学, 2011.

[85] 贾志路. 冲击与爆炸荷载下中空箱形钢管混凝土叠合柱力学性能的初步研究 [D]. 太原: 太原理工大学, 2018.

[86] 陈亮廷, 王蕊. 侧向撞击荷载作用下内八边形空心钢筋混凝土柱的动力响应 [J]. 爆炸与冲击, 2019, 39 (07): 148-155.

[87] 任庆新, 魏秋宇, 王鹏, 等. 圆中空钢管混凝土叠合长柱轴压性能研究 [J]. 沈阳建筑大学学报 (自然科学版), 2022, 38 (03): 410-417.

[88] 汪维. 钢筋混凝土构件在爆炸载荷作用下的毁伤效应及评估方法研究 [D]. 北京: 国防科学技术大学, 2012.

[89] Wesevich J W, Oswald C J. Empirical based concrete masonry pressure-impulse diagrams for varying degrees of damage [C]//Structures Congress 2005: Metropolis and Beyond, 2005: 1-12.

[90] Li Q M, Meng H. Pressure-impulse diagram for blast loads based on dimensional analysis and single-degree-of-freedom model [J]. Journal of Engineering Mechanics, 2002, 128 (1): 87-92.

[91] Li Q M, Meng H. Pulse loading shape effects on pressure-impulse diagram of an elastic-plastic, single-degree-of-freedom structural model [J]. International Journal of Mechan-

ical Sciences，2002，44（9）：1985-1998.

［92］ Fallah A S，Louca L A. Pressure-impulse diagrams for elastic-plastic-hardening and softening single-degree-of-freedom models subjected to blast loading［J］. International Journal of Impact Engineering，2007，34（4）：823-842.

［93］ 李楠. 钢纤维高强混凝土构件抗爆性能与损伤评估［D］. 西安：长安大学，2015.

［94］ Soh T B. Load-impulse diagrams of reinforced concrete beams subjected to concentrated transient loading［D］. Pennsylvania State University，2004.

［95］ 孙建运. 爆炸冲击荷载作用下钢骨混凝土柱性能研究［D］. 上海：同济大学，2006.

［96］ Shi Y，Hao H，Li Z X. Numerical derivation of pressure-impulse diagrams for prediction of RC column damage to blast loads［J］. International Journal of Impact Engineering，2008，35（11）：1213-1227.

［97］ 师燕超，李忠献. 爆炸荷载作用下钢筋混凝土柱的动力响应与破坏模式［J］. 建筑结构学报，2008，（04）：112-117.

［98］ 师燕超. 爆炸荷载作用下钢筋混凝土结构的动态响应行为与损伤破坏机理［D］. 天津：天津大学，2009.

［99］ Mutalib A A，Hao H. Development of PI diagrams for FRP strengthened RC columns［J］. International Journal of Impact Engineering，2011，38（5）：290-304.

［100］ 崔莹. 爆炸荷载下复式空心钢管混凝土柱的动态响应及损伤评估［D］. 西安：长安大学，2013.

［101］ Zhang J，Jiang S，Chen B，et al. Numerical study of damage modes and damage assessment of CFST columns under blast loading［J］. Shock and Vibration，2016.

［102］ 闫秋实，杜修力. 典型地铁车站柱在爆炸荷载作用下损伤评估方法研究［J］. 振动与冲击，2017，36（01）：1-7.

［103］ 王新征，李萍，杨文喜，等. 侧向冲击下钢管混凝土构件损伤演化数值分析［J］. 工程力学，2013，30（增1）：267-272.

［104］ 朱聪. 碰撞冲击荷载下钢筋混凝土结构的动态响应及损伤机理［D］. 天津：天津大学，2012.

［105］ 田力，朱聪. 碰撞冲击荷载作用下钢筋混凝土柱的损伤评估及防护技术［J］. 工程力学，2013，30（09）：144-150＋157.

［106］ 赵武超，钱江，张文娜. 冲击荷载下钢筋混凝土梁的性能及损伤评估［J］. 爆炸与冲击，2019，39（01）：111-122.

［107］ 巫俊杰. 方形中空钢管—钢筋混凝土叠合构件在低速横向冲击下的力学性能研究［D］. 太原：太原理工大学，2018.

［108］ 石少卿. ANSYS/LS-DYNA 在爆炸与冲击领域内的工程应用［M］. 北京：中国建筑工业出版社，2011.

［109］ 程小卫，李易，陆新征，等. 撞击荷载下钢筋混凝土柱动力响应的数值研究［J］. 工程力学，2015，32（02）：53-63＋89.

［110］ Hallquist J O. LS-DYNA keyword user's manual［M］. California：Livemore Software Technology Corporation，2007：1430-1432.

[111] 吴赛. 爆炸荷载下复式钢管混凝土柱动力响应研究 [D]. 西安：长安大学，2012.

[112] 严少华，钱七虎，周早生，等. 高强混凝土及钢纤维高强混凝土高压状态方程的实验研究 [I]. 解放军理工大学学报（自然科学版），2000，(06)：49-53.

[113] 钟善桐. 钢管混凝土结构（第 3 版）[M]. 北京：清华大学出版社，2003.

[114] 韩林海，杨有福. 现代钢管混凝土结构技术 [M]. 北京：中国建筑工业出版社，2007.